高等院校艺术设计类专业
"十三五"案例式规划教材

室内设计基础

■ 主 编 吕丹娜 郭媛媛
■ 副主编 杨 润

U0166017

华中科技大学出版社
http://www.hustp.com
中国·武汉

内 容 提 要

　　室内设计基础是环境设计类专业的一门必修专业基础课。本书以室内设计的基本原理与要素为基点，在编写中收集了大量国内外室内设计的优秀资料和设计类学生的优秀作品，并借助这些优秀案例对基础知识进行了拓展。其目的是对学生室内空间创作构思、室内设计方法和程序、室内设计的风格与流派、室内空间造型能力与表现技巧进行训练及培养，并将室内设计的审美观念融入室内空间造型艺术设计作品之中。

图书在版编目（CIP）数据

室内设计基础 / 吕丹娜，郭媛媛主编.—武汉：华中科技大学出版社，2019.8（2021.8 重印）

高等院校艺术设计类专业"十三五"案例式规划教材

ISBN 978-7-5680-5383-9

Ⅰ.①室…　Ⅱ.①吕…　②郭…　Ⅲ.①室内装饰设计－高等学校－教材　Ⅳ.① TU238.2

中国版本图书馆CIP数据核字（2019）第138979号

室内设计基础
Shinei Sheji Jichu

吕丹娜　郭媛媛　主编

策划编辑：　金　紫
责任编辑：　陈　忠
封面设计：　原色设计
责任校对：　曾　婷
责任监印：　朱　玢
出版发行：　华中科技大学出版社（中国·武汉）　　电话：　（027）81321913
　　　　　　武汉市东湖新技术开发区华工科技园　　邮编：　430223
录　　排：　华中科技大学惠友文印中心
印　　刷：　湖北新华印务有限公司
开　　本：　880mm×1194mm　1/16
印　　张：　9
字　　数：　216 千字
版　　次：　2021 年 8 月第 1 版第 2 次印刷
定　　价：　58.00 元

前言
Preface

　　随着科技和社会的不断进步与发展，室内设计基础作为研究各类室内设计的基础性学科，已成为高等院校中实用性极强的专业基础课程之一，并被广泛应用于环境艺术设计学科和室内设计行业领域中。作为具有创意性和启发性的室内设计基础课程，室内设计基础已经成为这些行业的必修设计基础类课程。室内设计是从建筑设计中分离出来的，在现代又给予了室内空间新的认识。室内设计就是根据对象空间的性质、所处物理环境和使用者需求，运用物理技术手段和艺术处理手段制造出满足人们生活、工作的物质功能和精神功能的人工环境。随着现代主义建筑运动使室内设计从单纯的界面装饰走向空间设计，作为一个全新的设计专业，室内设计的使命和方向在不断地发展变化，装饰、陈设、艺术手段、物理环境等也日趋多样化。

　　本书主要针对室内设计在环境设计类教学中的应用和实际工作中的需要而进行编写，希望对室内设计教学人员和学习研究人员有指导意义与参考价值。本书主要从室内设计的基本概念，空间的构成类型、风格与流派、造型法则、材料、色彩和灯光、室内设计内容等进行讲述，具体内容如下。

　　第一章主要讲述了室内设计的基本概念，其在社会与科技发展进程中的沿革起源以及在设计领域各行业内的广泛应用。

　　第二章主要介绍了室内空间的构成类型、特征以及风格与流派。

　　第三章则讲述了点、线、面、形式美法则和人体工程学等构成要素。

　　第四章主要研究室内设计的内容，如室内空间功能区域规划、流线设计、室内设计的创意与构思设计等。

　　第五章主要讲述室内空间的材料种类以及构造方法与工艺。在室内设计中，材料的选用发挥着决定性作用，材料是其造型的关键，决定了室内设计的风格、色彩和肌理等形式美感。

　　第六章主要讲述了室内设计中色彩与灯光的使用原则和方法，锻炼学生对色彩和灯具应用的能力，根据设计要求，用色彩和灯光反映不同的室内风格。

　　第七章主要讲述室内设计师应具备专业制图与透视的相关理论知识和方法，并能准确地绘制施工图。这些施工图是施工的依据，在施工图中可以表现设计中详细的尺度、材料、结构、施工方法和材质等。

　　第八章主要讲述了室内设计手绘效果图和手绘效果图的基本工具、绘制方法以及技巧，手绘效果图是室内设计师的艺术语言，是室内设计艺术化效果的表达，手绘效果图可以直观生动地表达设计师的设计构思。

　　本书由沈阳建筑大学吕丹娜担任第一主编，沈阳工学院艺术与传媒学院郭媛媛担任第二主编，武汉城市职业学院文化创意与艺术学院杨润担任副主编。吕丹娜负责编写第一章、第三章、第四章，工作量为5.8万字。郭媛媛负责编写第五章～第八章，工作量为10.3万字，杨润负责编写第二章及附录部分，工作量为5.5万字。

　　本书内容较为全面，具有很强的应用价值，能够满足高校艺术类学生的教学需要，可作为高等院校艺术类本科生、研究生、教学人员以及艺术爱好者的教材或参考书。由于编者水平有限，本书在编写过程中可能存在不足之处，敬请读者及时批评指正，提出宝贵意见，并在此对本书出版提供帮助的人致以衷心的感谢！

目录
Contents

第一章

概　述

章节
导读 ┃ 本章主要阐述了室内设计的基本概念和研究内容，以及中外室内设计的历史沿革。学生能够通过了解各时期室内设计的代表作品，学习中外不同时期的室内设计作品的特点及发展规律。

第一节　室内设计的基本概念

室内是人们绝大部分活动的空间，与人们的生活关系密切。随着社会的进步，室内设计不断丰富和发展。室内设计最开始是从建筑设计中分离出来的。室内泛指建筑的内部空间，在现代又对室内空间进行了新的定义，在传统的概念上强调空间的连续性和渗透性、室内外空间的相互交融性。室内设计就是根据空间的性质、所处物理环境和使用者需求，通过技术手段和艺术处理创造出满足人们生活、工作的物质功能和精神功能的人工环境。现代建筑主义运动使室内设计从单纯的界面装饰走向空间设计，作为一个全新的设计专业，室内设计的使命和方向不断发展和变化，装饰、陈设、艺术手段、物理环境等也日趋多样化，室内设计在中国的设计舞台上也愈加活跃。

第二节　室内设计的研究内容

随着社会的发展和科技的进步，经济快速增长，室内设计的规模逐渐增大，所涉及的内容和范围也更加广泛，这对室内空间提高了要求。室内设计的主要研究内容包括：室内空间组织、调整和再创造；室内平面功能分析和布置；地面、墙面、顶面等各界面造型和装饰设计；室内采光、照明要求和音质效果；室内主色调和色彩配置；各界面装饰材料的选用及构造做法；室内环境控制、水电等设备的协调；家具、灯具、陈设等的选用、布置或设计；室内绿化布置等。这些内容既自成一体，又相互联系，相辅相成。在科技日新月异的今天，室内设计必然会增添许多新的内容，对于从事室内设计的专业人士，也要不断吸收和掌握新形势、新内容、新元素等，促进室内设计高质量发展。

第三节　室内设计的历史沿革

室内设计的发展是一个漫长的演变过程，随着社会的发展和进步，建筑所包含的内容、所要解决的问题越来越复杂，涉及的相关学科越来越多，需要更为细致的社会分工，这就促使室内设计逐渐专业化，成为一门独立的分支学科。我国的许多艺术类院校开设了室内设计这门课程。室内设计在经济和文化建设上的重要性正在被人们广泛认知。

一、中国古代

1. 原始时代——室内设计萌芽时期

在远古石器时代，南北方因地理位置和气候不同，使得原始建筑居所大体分为了巢居和穴居。而适于南方的巢居随着发展演变为干栏式建筑。原始时代房屋组织结构简单，却有了简单的功能划分。经考古发现，在新石器时代后期，当时的建筑已经有了简单的装饰，有二方连续、刻画平行线和压印圆点的图案等，开始了室内设计的萌芽时期（图1.1）。

图 1.1

2. 封建时代

随着生产力的发展，夏商周的建筑有了很大发展。较为成熟的夯土技术、木构技术和版筑技术的发展使之建造出相当规模的宫殿。西周实施分封制，完善建筑制度，形成了标准的居住制度和等级秩序。据记载，二里头宫城已经有了前廊和围廊（图1.2）。内部已经明确了开间的概念，功能分区也更加科学，墙面还有彩绘。这一时期的家具种类较少，多为木质材料，木构件上也有

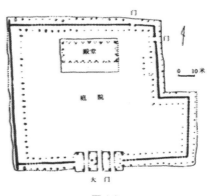

图 1.2

了雕刻的花纹。

春秋时期，木构架已经成为主要的结构方式，建筑装饰得到了极大的发展。建筑平面也日趋多样化，住宅中已经有了"一堂二内"的雏形。宫殿和庙宇布局也是内外分离，进行了合理的空间布局。这个时期已经掌握了木材的干燥和涂胶等技术，还创造了许多榫卯技术，并出现了中国建筑师的鼻祖——鲁班（图1.3）。

图1.3

到了秦汉时期，木构架结构已趋于成熟，砖石建筑得到普及，拱券结构有了一定程度的发展，内部空间组织与建筑的规模和性质密切相关。内外空间注重虚实转换，相互融合。同时建筑装饰也得到一定程度的发展，低型家具进入高峰期，陈设物品也日益丰富（图1.4）。

魏晋南北朝时期处于长期混战的状态，社会经济、文化遭受严重摧残。但是建筑在一些方面却取得了突出成就：内部空间承袭秦汉；装饰上受外来佛教艺术的影响；佛像、壁画艺术得到极大发展；起居呈现多样化，开始出现垂足家具。

到了隋唐时期，我国建筑艺术逐步走向成熟，规模宏大，规划整齐，分区合理。这一时期是中国建筑成熟以及全盛时期，建筑的成熟推动宅院内部装饰愈加丰富，多空间组合却不紊乱，主次分明，布局紧凑，空间合理，突出代表为唐代长安城宫殿布局（图1.5）。同时家具也迎来了变革时期，不再局限于低矮的卧榻家具，类型更加多样化，造型华贵，颜色丰富，有很高的艺术价值。

图1.4

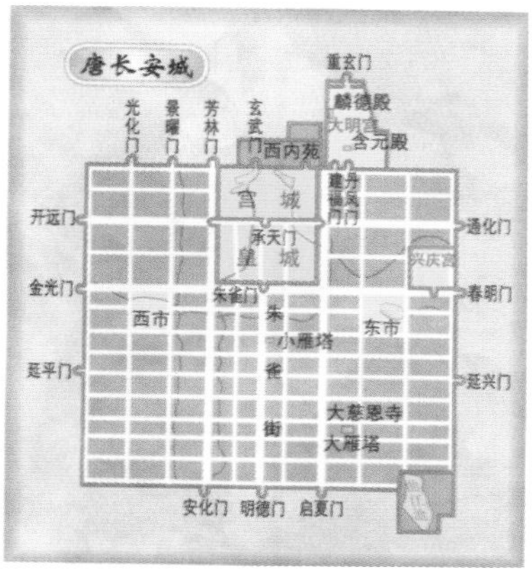

图1.5

宋至元时期，手工业、商业发展繁荣，促进了工艺美术的发展，室内陈设愈加丰富多样。元代宗教建筑的兴起，带来宗教建筑的构造方法与装饰元素。

明清时期是中国古代室内设计的完善和终结，迎来了中国建筑史上最后一个高峰，建筑规范化、合理化，族群形式内容丰富、风格雍容大度、条理清晰又不失人情味，为典型风格。而明清家具也迎来了全盛时期，形式多样，风格日趋简约大方，一直流传至今。

装饰内容、室内陈设形式丰富，做工细腻，完善和丰富了中国古代的室内设计。

二、外国古代

与中国的室内设计发展轨迹相近，西方的建筑设计与室内设计在相当一段时间内也没有明确分工。从古希腊、古罗马神庙到中世纪教堂，再到文艺复兴时期的建筑，设计师把建筑的多种因素相互融合，使建筑内外空间相辅相成、互为一体。

1. 原始社会时期

人类最早的遮蔽场所可能是发现的天然洞穴，它由简单的手工工具完成。火的应用、语言的发明、农业的发展对住房的发展起到了促进作用。

埃及文明虽然没有完整的室内遗存，但是从许多遗迹中依然可以对当时的建造技术有一定的了解。神庙大厅由巨大的石柱群构成，墙上绘有线条，地上铺有草编织物，配有家具和一些生活用品。古希腊的建筑艺术和室内装饰已经发展到了很高的水平，当时的风格被称为古典主义，内部装饰简约、质朴，布局追求左右对称，整体色调大部分以蓝、白为主。室内柱式以陶立克柱式、爱奥尼克柱式和科林斯柱式为主（图 1.6）。代表建筑有帕特农神庙（图 1.7）。

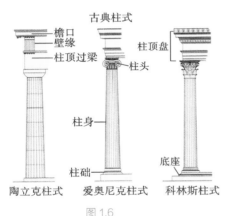

图 1.6

图 1.7

古罗马是古希腊之后的又一伟大文明发展时期，这个时期的建筑更注重实用性。它经历了多个历史阶段。柱式进一步完善，形成了陶立克柱式、爱奥尼克柱式、科林斯柱式、托斯卡纳柱式和混合柱式等。这时柱式不只起承重作用，还承担了装饰功能。拱券和穹顶被用于建筑形式之中，拱形的内部空间高大旷达。加厚的墙壁产生庄重美，窗户少使得室内较暗，加上浮雕等具有神秘色彩的装饰，给人以极大震撼，代表着强烈的宗教色彩。代表作为万神庙（图 1.8）。

2. 中世纪时期

公元 400 年左右，因为时局不稳，罗马帝国分为东西两个帝国。东罗马的艺术风格称为拜占庭式，之后罗马风的出现统治了欧洲中世纪的建筑设计。拜占庭风格屋顶采用穹隆顶，整体造型中心突出，一般为体量高大的圆穹顶，色彩变化多样。

哥特式起源于 11 世纪下半叶的法国，流行于 13 ～ 15 世纪的欧洲，相对之前的建筑风格更加实用。主要成就为天主教堂，对世俗建筑也有一定的影响（图 1.9）。其高超的技艺和所创造的艺术成就使哥特式建筑在建筑史上占有重要地位。

图 1.8　　　　　　　　　　　　　　　　　图 1.9

文艺复兴在 13 世纪末兴起于意大利的各个城市，之后传播到欧洲各国，揭开了欧洲近代设计的序幕。文艺复兴时期，因受多个方面的影响，各国形成了多种形式、各具特点的建筑。其最突出的特征是对中世纪的哥特式建筑取长补短，重新采用古希腊、古罗马时期极具特色的柱式，并将其应用在宗教和民用建筑上（图 1.10）。这个时期的建筑师和艺术家们普遍认为，哥特式建筑与古希腊、古罗马建筑的区别在于，前者是基督教神权的象征，而后者是非基督教的，具有强烈的宗教色彩，并且认为古典柱式体现出了和谐与理性，与人体美相通。

图 1.10

巴洛克建筑的室内设计强调雕塑感与色彩感，是在意大利文艺复兴建筑的基础上发展起来的。巴洛克本义是"畸形的珍珠"，意为怪诞奇异，被古典主义者拿来形容离经叛道的建筑形式。巴洛克建筑的造型来自自然万物，其形态自由、生动，与彩绘背景相融，创造出充满幻觉的空间。平面呈橄榄形，动感的装饰曲线、断裂的山花、蜿蜒的檐部，形成了强烈的光影效果。典型实例是圣卡罗教堂（图 1.11）。

　　洛可可风格是在巴洛克风格的基础上发展形成的。洛可可法语意为"贝壳"，洛可可整体风格柔媚、细腻，比例高耸、纤细。造型以 S 形曲线为主，以不对称代替对称，没有巴洛克的"浓妆艳抹"，偏向于明快柔淡。贝壳、涡卷、山石为洛可可风格主要的装饰元素。形式细腻多样、颜色明亮绚丽（图 1.12）。

图 1.11

图 1.12

三、外国现代室内设计的确立与发展

1. 工艺美术运动

　　19 世纪下半叶兴起了起源于英国设计改良运动的工艺美术运动。工业革命带来了巨大的变革，工艺美术运动应运而生。倡导者通过建立文艺复兴时期的手工艺与重建后的艺术之间的联系，来探索新时代背景下艺术设计的发展道路。其中理论方面作出重要贡献的是约翰·拉斯金，代表人物有威廉·莫里斯。莫里斯设计了许多壁纸与花布，在纹饰设计方面崇尚中古的章法，纹样方面在追求简约、简化丰富图案的同时，又保留了大自然万千变化的多样性和蓬勃的生机（图 1.13、图 1.14）。1859 年，他与菲利普·韦珀（Phillip Webb，1831–1915 年）合作设计、建造了"红屋"，内部的家具陈设和装饰物品均由他本人亲力亲为（图 1.15）。至此，英国工艺美术运动揭开了现代设计的序幕。

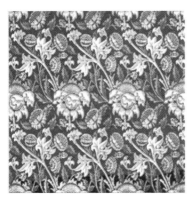
图 1.13

图 1.14

图 1.15

图 1.16　　　　　　　　　　　　　　　　　　　　图 1.17

2. 新艺术运动

在工业革命相继完成之后，新艺术运动为解决批量生产带来的弊端而登上历史舞台（图 1.16）。新艺术运动力图打破承袭传统形式所谓的历史风格，探索新的艺术方向，强调追求自然的本质而非细枝末节。在装饰方面突出表现曲线和有机形态。新艺术运动中最引人注目、最富天才和最有创新精神的人物是建筑师高迪（Antonio Gaudi）。他的作品在三维空间中融入塑性艺术，并结合东西方的结构特点与自然形式。代表作有米拉公寓、巴特罗之家、神圣家族教堂。其中米拉公寓的整体结构蜿蜒曲折，富有动态，体现了一种生命的动感，更像一座充满生命力的抽象雕塑（图 1.17）。

3. 现代主义

现代主义起源于 19 世纪后期，于 20 世纪 20 年代成熟，流行于 20 世纪 50 至 60 年代。工业革命和结构科学的发展为现代主义设计的发展提供了物质和理论支持。

瓦尔特·格罗皮乌斯是包豪斯创办人，包豪斯为现代建筑设计的教学模式和科学发展奠定了基础。他主张重视功能与创新，摒弃因循守旧的设计思想，倡导将新技术与新材料应用到建筑艺术当中。这些观点首先体现在法古斯工厂和 1914 年科隆展览会展出的办公楼中（图 1.18）。

勒·柯布西耶、瓦尔特·格罗皮乌斯和密斯·凡·德·罗并称为现代建筑派或国际形式建筑派的主要代表，提倡"机械美学"：不对称的室内空间，弧形墙面，加上从大小不一的窗洞上投射的光线，使室内形成了一种独特的氛围。

密斯·凡·德·罗强调建筑应符合时代特点，注重建筑结构和构造方法的革新，"少即是多"是他的准则。他的代表作品有巴塞罗那博览会馆德国馆、范斯沃斯住宅等（图 1.19）。

图 1.18

图 1.19

四、当代室内设计发展趋势

当代室内设计的发展与我们的生活密切相关，并随着人类自身的发展而不断深化完善。当代室内设计多种设计思潮相继迸发、设计趋势相继出现，多种设计相互并存。处于多元化的设计元素之中，我们在趋利避害、勇于创新的同时，也要了解当代的室内设计发展趋势。

（1）"可持续发展"是指能源资源合理化、节约化长久循环发展。"可持续发展"主要涉及"3R 原则"（Reduce，Reuse & Recycle）。

（2）重视使用对象对其使用功能的需要程度与满意程度，在环境方面充分考虑安全、卫生等因素，进一步注意人们的心理情感需要。

（3）20 世纪 60 年代以来，现代建筑的机器美学观念不断受到挑战与质疑，理性与逻辑推理、强调功能等设计原则相继受到冲击。多元化的设计观正成为一种潮流，不再一味地推崇某一种设计思想，而是共同发展，争相迸发活力。

（4）注重设计与环境设计的相互融合，把握二者之间的关系，做到因地制宜，寓情于景。

（5）先进的科学技术和新型的设计材料在设计中发挥着举足轻重的作用。新技术的运用促进了室内设计的快速发展。

（6）将现代与历史结合，运用现代化的设计手法使沉睡的古老建筑焕发生机。旧建筑中既有文化价值极高的古建筑、独特的近现代建筑，也包括一般性建筑，如工业厂房、居民住宅等。旧建筑的再利用在室内设计中占有重要地位。

几千年来，人们创造了丰富的物质文化和精神文化，推动了世界室内设计的发展。设计来源于生活又高于生活，时代的车轮滚滚向前，人们的生活方式也在不断变化，人们对居住环境的需求不断提高，有力地推动了室内设计的发展。

本 / 章 / 小 / 结

　　本章对室内设计作了一个宏观的概述，介绍了室内设计的基本概念、研究内容以及历史沿革。读者通过对室内设计基本概念和研究内容的学习，能够对这门学科形成一个大体认知，即室内设计是什么，室内设计是做些什么。从室内设计的萌芽与演变到确立与发展，向读者呈现出一条清晰的历史脉络，通过了解室内设计的发展过程，研究其中的必然性与相关影响因素，能够更好地把握室内设计的未来发展趋势。

思考与练习

1. 简述室内设计的研究内容，并举例说明。

2. 总结西方室内设计的主要风格。

3. 简述当代室内设计的发展趋势。

第二章
室 内 设 计

章节导读

室内设计是一门综合性的艺术设计，它主要包含空间设计、装饰材料设计、陈设设计和色彩照明设计等。室内设计是伴随着人类社会的阶段性发展逐渐形成的，在既定的时间和空间范围内，运用艺术设计语言，通过对空间与平面的精心设计，使其产生独特的空间范围，不仅可以表达室内空间的主题，而且让使用者参与其中，达到完美沟通的目的。

室内设计实质上是一种综合艺术设计，其主要目的是在符合使用者心理及生理需求的同时，对建筑物的内部空间环境所进行的设计。室内其实是指建筑物的内部空间，并受到建筑物的制约；设计则是指设计师将自己的设想和计划通过具体手段表达出来的活动过程。室内设计就是通过实际的物质手段和艺术思维对室内空间进行装饰组合的过程，这种创作过程还需要根据设计对象的实际性和功能性进行调整。

第一节　室内设计的空间构成类型

室内设计的范围很广，所包含的空间种类繁多，其形态也各不相同。根据不同的空间以及它们所具备的特点和性质，可以将室内设计的空间构成类型分为如下几种：固定空间、可变空间、开敞空间、封闭空间、静态空间、动态空间、共享空间、虚拟空间、母子空间、模糊空间等。

一、固定空间

由若干个固定的界面围隔，识别标志较为明显，位置一般比较固定，长期以来相对独立，并且保持不变的空间称为固定空间（图2.1）。

图 2.1

二、可变空间

可变空间与固定空间相反，是为了满足不同功能需要而随时做出改变的空间形式，无固定的分隔界面，使用的分隔方式大都灵活可变（图 2.2）。

三、开敞空间

有无空间的侧界面，是决定开敞空间的主要因素，作为一种外向性的空间，开敞空间的私密性和限定度较小，更多的是突出周围环境与空间的融合。并且，开敞空间经常作为过渡空间，用于连接从内到外的不同空间。因此，开敞空间具有很强的流动性和趣味性，所带来的心理效果也更加活跃，形式变化更加丰富（图 2.3）。

图 2.2

图 2.3

四、封闭空间

封闭空间是一种隔离性很强的空间，通常使用高限定分隔的围护实体包围整个空间，也是一种对私密性要求很高的空间形式。这种空间常见于书房、卧室等私人领域，空间流动性较弱，强调领域感和

安全感，心理效果更加内向（图 2.4）。

五、静态空间

静态空间属于较为封闭的、具有较强限定度的空间，一般采用对称空间，或者是垂直水平界面的形式，整个空间形式比较稳定。静态空间多为尽端空间，构成单一，但空间陈设有序，比例协调，视线转换平和，一目了然，空间表现清晰（图 2.5）。

六、动态空间

动态空间也称为"流动空间"，利用电梯、扶梯等自动化设备，结合人的活动，形

图 2.4

图 2.5

图 2.6

成运动的空间（图 2.6）。动态空间追求连续运动的空间，往往具有空间的开敞性和视觉的导向性等特点，界面组织具有连续性和节奏性，拥有变化多样的空间构成形式，使人的视觉也处于一种不停流动的状态。

七、共享空间

共享空间是为了满足各类社会交往和各种旅游生活的需要而产生的，通常位于各种大型的公共建筑内以及公共活动中心、交通枢纽等公众场合（图 2.7）。整个空间比较灵活，追求功能性，讲究从综合的角度进行设计。由于形式多样，具有多种功能，因此共享空间也被称为"中性空间"或"不定空间"。

八、虚拟空间

虚拟空间是通过设计师的联想和"视觉实形"所划分出来的空间，其限定度较弱，仅仅利用部分形体启示，以不同种类的材质和色彩变化限定空间，实际上在限定的空间内并没有完整的隔离形态，所以称其为"心理空间"（图 2.8）。

图 2.7

图 2.8

图 2.9

九、母子空间

母子空间是指在现有空间的基础上，采用艺术手法限定出小空间的设计形式，结合封闭空间和开敞空间，将大空间划分为不同的小空间，能够满足群体和个人之间的不同需要（图 2.9）。母子空间具有一定的私密性，增强了亲切感，多用于办公空间等公共建筑设计中。

十、模糊空间

模糊空间介于室内空间和室外空间之间，没有具体的边界，空间状态似有似无，既不像室内空间具有私密性，也不像室外空间具有公众开放性（图 2.10）。模糊空间拉近了室内外空间的距离，具有引导过渡的功能，主要用于连接不同的私密性空间和公共性空间。

图 2.10

第二节　室内设计的特征

作为从建筑设计分离出来的设计，室内设计总会受到建筑物的制约，建筑物的实际形态会限制室内空间的设计过程。

当今社会的发展越来越迅速，人们对生活品质的要求越来越高，建筑设计在一定程度上已经成为物质文化的载体之一，作为从建筑设计分离出来的室内设计，也越来越受到人们的重视，提高设计的实用性和贴合当下设计流行趋势是当代设计师的追求目标之一。

室内设计与建筑设计有许多相似之处，都需要以建筑美学为基本前提，同时需要考虑物质功能和精神功能，并且都受到社会生产和经济发展的制约。不过作为新兴的独立设计学科，室内设计的特征体现在以下几个方面。

一、以人为本的优先性

"以人为本"是室内设计的基本前提。人是室内环境的使用者，不论是生活还是工作，人一生中的大部分时间均会在室内空间中度过，因此，在进行室内设计之前一定要将人的使用需要、心理感受、实际功能需求等作为设计前提，对人的心理行为进行研究，以提高人们生活、工作的质量为标准，合理把握室内环境各要素的联系，从利于人们精神文化生活发展的角度去考虑，创造出美观舒适、功能合理的室内设计。

二、室内环境的周密性

室内设计需要对室内的光环境、热环境、声环境、空气环境等进行周密的考虑，例如采光和照明、湿度和气流、噪声和隔音效果等，并且不同空间场合的环境设计准则也各不相同（图2.11）。室内设计必须遵循严格的设计标准，避免这些影响日常生活的因素出现。随着社会的发展，越来越多的人开始注重生

图 2.11

态环保，对室内环境的环保要求也在不断提高，因此严格把握各方面环境要素是室内设计过程中的一条重要准则。

三、室内设计的美学特点

室内设计包含在艺术设计的范畴之内，所以具备艺术设计的特点。具体来说，室内设计就是要依靠艺术处理手段，结合美学基本原理，合理布置现代科技成果，因此室内设计与工业设计也存在着密不可分的联系。在完整的设计方案之中，室内设计不仅要满足功能实用性，整体设计还必须具有艺术美（图2.12）。

图 2.12

四、功能材料的更新变化

不同于建筑设计，室内设计的更新周期更短，更新速度更快，在整个设计过程中会加入许多新的设计理念。由于生活要求、审美要求的变化，使用者对于整个室内空间的功能需求也会产生变化，这个过程也会伴随着对老化的材料和设备进行更替。

五、科技的发展

现代社会的科技发展影响了室内设计的环境，一般在自动化、智能化等方面产生了新的要求。室内设计过程中的科技含量不断增加，体现在室内的装置设备、装饰材料甚至是五金配件方面。能源自给住宅、智能化住宅的出现，也极大地增加了现代室内设计的整体附加值（图2.13）。

图 2.13

随着社会的发展与时代的变化，室内设计的发展也在加快，与其他设计学科的联系也不断增加。由于使用者的不同，审美要求趋于多元化，室内设计的发展呈现出多风格、多层次的发展局面，因此也会出现更多不同风格的设计，从而带来了各种文化之间的相互融合。

第三节　室内设计的风格与流派

室内设计的风格和流派都属于室内环境设计中的艺术造型和精神功能范畴，往往是同建筑和家具风格流派紧密结合，甚至与文学、绘画、音乐等风格流派相互影响。室内设计不同艺术风格和流派的产生、发展和变换，既是建筑艺术历史文脉的延续和发展，具有深刻的社会发展历史和文化内涵，同时也必将极大地丰富人们精神生活。室内设计按照不同的风格流派主要可以分为如下八大流派和八大风格。

一、按室内设计的艺术流派分

（一）风格派

风格派始于20世纪，是以蒙德里安为代表的艺术流派。风格派强调"纯造型的表现"，认为"把生活环境抽象化，这对人们的生活就是一种真实"。在设计过程中，以空间设计为主，突出墙面、地面、天花以及家居装饰的简洁造型和精细工艺，并常常采用几何体，多以红、黄、青三原色或者是黑、灰、白等色彩相搭配。风格派的设计中，色彩和造型都具有非常鲜明的特征和个性（图2.14）。

图2.14

（二）光亮派

光亮派也称为银色派。光亮派的设计强调科技感，采用大量的不锈钢、磨光的花岗石、镜面玻璃等作为装饰材料，突出灯光的艺术效果，使用反射光来增加室内的空间气氛，使室内营造出光彩夺目、豪华炫丽、交相辉映的空间环境，并且表现出丰富夸张、富于戏剧性变化的室内气氛（图2.15）。

（三）高技派

高技派以表现高科技成就为依托，主要突出当代的工业技术成就，建立起与高科技相对应的设计美学观念。其主要特点是采用新型材料，崇尚机械美，用夸张的手法塑造空间结构造型，多在室内暴露本应隐藏起来的内部结构或者设备管道，展现金属材料的质地，并用鲜艳的原色加以区分，强调工业技术与时代感（图 2.16）。

图 2.15

图 2.16

（四）解构主义派

解构主义派是一种类似结构构成解体，突破传统形式的构图，用材粗放的艺术流派。解构主义派也是对西方现代主义流派的批判与继承，是对统一与秩序的挑战。在创造空间形态时，解构主义多采用散乱、残缺、突变的艺术手法，通过运用分解组合的形式表现时间的非延续性，在满足人们对个性追求的同时，迎合人们其他新奇的艺术渴望（图 2.17）。

图 2.17

（五）超现实主义派

超现实主义派是指通过在室内空间中布置异常的空间组织，采用曲线或者弧线界面，加以浓重的色彩和光影变化，从而追求一种体现并超越现实的艺术效果（图 2.18）。这种类型的设计多用于展示空间或者娱乐空间。在超现实主义派的设计中，设计师更注重使用奇特的造型、猎奇的艺术手法以及抽象的装饰图案，创造出令人出乎意料的空间效果。

（六）白色派

白色派是指将大量的白色运用到室内设计中，以白色作为整体设计的基调色彩的艺术流派。室内空间中的大量白色色块变成了一种留白的艺术，并且有一种类似

图 2.18

图 2.19

于背景墙的功能，可以衬托或对比鲜艳的色彩和装饰（图 2.19）。白色派的设计中，最突出之处就是注重白色在空间中的协调性，强调白色空间中色彩的节奏变化，不需要过分渲染就能使人产生关于美的联想。

（七）装饰艺术派

装饰艺术派也称作"艺术装饰派"，这种流派善于运用多层次的几何线型及图案，重点装饰建筑内外门窗线脚、檐口及建筑腰线、顶角线等部位。在考虑建筑文化内涵的同时，也具有时代的气息，常在现代风格的基础上，在建筑细部饰以装饰艺术派的图案和纹样（图 2.20）。

（八）新洛可可派

新洛可可派原是在欧洲宫廷盛行的建筑装饰风格，这种风格普遍具有优美的造型，装饰繁复，时刻体现着一种"女性美"（图 2.21）。主要特点是大量采用反光性强的材料，注重灯光效果，家具及配饰华丽浪漫，整体氛围传统却不失时代气息。

图 2.20

图 2.21

二、按室内设计的风格分

（一）新古典风格

新古典风格是与古典主义相对应的观念，既传承了古典主义的大气，又保留了材质、色彩的大致风格，能感受到强烈的历史痕迹，具有古典与现代的双重审美效果，是融合型风格的典型代表。新古典主义风格具有三大特点，分别是"形散神聚"、用简化的手法和现代的材料技术追求传统家具样式的特点、多使用欧式风格的主色调（如白色、金色、暗红、黄色等）。新古典主义风格的设计中，需要注意线条间的比例关系和搭配关系，合理使用现代元素（图 2.22）。

图 2.22

（二）古典欧式风格

古典欧式风格强调华丽的装饰、浓郁的色彩以及精美的造型，并且三者需要达到雍容华贵的装饰效果。古典欧式风格的客厅常用华丽的枝形吊灯来营造气氛，也喜爱使用大型灯池。常使用带有花纹的石膏线在门窗上勾边，门窗一般采用圆弧形门窗。墙面采用高档壁纸或者优质乳胶漆，凸显出雍容大气的家具效果。古典欧式风格具体可以分为三类：文艺复兴建筑风格、巴洛克装饰风格和洛可可风格。

图 2.23

文艺复兴建筑风格设计强调人性的文化特征，表面雕饰细密，色彩主调为白色，多采用古典弯腿式家具，整体风格华丽（图 2.23）。

巴洛克装饰风格强调线性的流动变化，装饰精巧，空间上追求形体变化与层次感，多采用曲线，善用透视原理，突破传统构图特征，室内外色彩鲜艳，光影变化丰富（图 2.24）。

洛可可风格，也代表了巴洛克风格的结尾阶段，风格上整体呈现出女性特征，设计大都小巧精致，不追求气派的氛围效果，线条流畅，造型唯美，色调柔美，多采用金色、白色、粉红色、粉绿色等（图 2.25）。

（三）美式乡村风格

美式乡村风格摒弃了烦琐和奢华，汇集、融合了不同风格中的优秀元素，强调"回归自然"，突出生活的舒适和自由。美式乡村风格的典型特征是具有浓郁泥土芬芳的色彩，如绿色、土褐色等。家具样式厚重，颜色多为仿旧漆。造型笨重的美式家具、本色的棉麻布、各种繁复的花卉植物和异域风情的鸟虫鱼图案是美式乡村风格中的常见装饰。摇椅、小碎花布、野花盆栽、小麦草、水果、磁盘、铁艺制品等都是美式乡村风格空间中常用的物品（图 2.26）。

图 2.24　　　　　　　　　　　　　　　　　图 2.25

图 2.26

（四）新中式风格

新中式风格是对中式风格的现代演绎，汲取了唐、明、清时期家居理念的精华，改变原有布局中的封建思想，向传统家居文化中注入新的气息，设计空间上富有层次感。新中式风格在材料运用上具有反差，简化了设计线条，结合了怀古的浪漫情怀与现代人对生活的需求（图 2.27）。

（五）地中海风格

地中海风格以自然柔和的淡色为主，浅色调映射出田园风格的本意。地中海风格注意空间组合搭配，组合搭配上避免琐碎，大方自然，装饰线简洁明快，散发出古老尊贵的田园气息和文化品位，集装饰与应用于一体。用石材的纹理来点缀墙面、桌面，非常注重处理装饰细节，充分利用每一寸空间（图 2.28）。整体设计用现代工艺呈现出乡土

图 2.27

图 2.28

格调，风格温馨、惬意、宁静，是许多白领青睐的一种设计风格。

（六）现代简约风格

现代简约风格是新的设计思路的延展，是一种既美观又实用的设计风格，以不占面积、折叠、多功能等为主要特点。这种风格体现出注重生活品位、注重健康时尚、注重合理节约、科学消费的现代"消费观"。现代简约风格常采用对比的设计手法，习惯将两种不同的事物、形体、色彩等作对照，通过对同一空间中两个明显对立的元素的设计，使其既对立又和谐，既矛盾又统一，能够在设计中求得互补和满足的效果（图 2.29）。

（七）日式风格

日式风格受日本和式建筑的影响，讲究空间的流动与分隔，流动则为一室，分隔则分为多个功能空间，重视实际功能。日式空间总能让人静静地思考，禅意无穷。传统的日式家居在居室的装修、装饰中大量运用自然界的材质，浅淡的颜色居多，以淡雅节制、深邃禅意为境界。日式风格借用外在自然景色，为室内带来无限生机，能与大自然融为一体。选材上也特别注重自然质感，以便与大自然亲切交流，其乐融融。日式风格空间中，家具紧贴地面，没有地脚，会给人很强的安全感，整体氛围舒适、放松、随意（图 2.30）。

图 2.29

图 2.30

（八）东南亚风格

东南亚风格的最大特点是来自热带雨林的自然之美和浓郁的民族特色，设计以不矫揉造作的材料营造出豪华感，多流行于我国珠三角地区。空间划分上以冷静的线条分割空间，没有复杂的装饰。用斑斓的色彩回归自然也是东南亚风格的特色之一。东南亚风格的其他特点是取材自然和布艺装饰，视觉上能感受到泥土的质朴和天然的原木材料，布艺装饰的适当点缀能避免家具单调，令气氛活跃，因此多选用深色系布艺材料，使整体风格沉稳中透露着贵气（图 2.31）。简单的搭配原则依然能带来出众的效果。木石结构、砂岩装饰、墙纸、浮雕也是东南亚传统风格中不可缺少的元素。

图 2.31

本 / 章 / 小 / 结

　　本章从室内设计的特征、风格、流派和空间构成类型等方面介绍了室内设计的主要形式，按照不同分类标准将设计内容进行细分，不同的设计内容对应不同的设计需求，学生能更加准确地把握设计方向。室内空间的构成类型分析能帮助学生学会运用更多空间设计手法，使设计作品形式更丰富。

思考与练习

1. 根据室内设计不同的空间构成类型查找国内外的优秀设计案例，并分组讨论。

2. 举例说明室内设计的主要特征。

3. 总结室内设计的主要风格与流派。

第三章
室内空间中的造型法则与人体工程学

章节导读 | 本章主要阐述了构成室内设计基本内容的点、线、面三个设计要素，室内设计中的形式美法则和应用方法，并介绍了人体工程学在室内设计应用中的常用尺寸和相关理论。

从室内设计的角度来讲，人体工程学的主要功用在于通过对人生理和心理的正确认识，使室内环境因素适应人类活动的需要，进而达到提高室内环境质量的目标。

第一节　点、线、面

一、点

1. 点的概念

点在设计中作为一个最基本的单位，是构成物体的基本元素。在设计中，点的尺度是相对的，它显示的视觉大小取决于参照物的尺寸。同一个点，与大小不同的参照物对比，会给人不同的感觉：与大的相比，视觉感受会显得更小一些；与小的比较，视觉感受则相对更大一些。

2. 点的特性

一提及点就会想到圆，其实这是一个错误的观念。点有很多存在方式，可以是规则的（圆形、三角形、椭圆形、五角星形和方形），也可以是不规则的。不规则的点是指那些自由随意的点。如果在设计中出现点的设计，这种点会吸引人的注意力，成为人们的视觉焦点。当设计中出现两个或两个以上的点时，这些点规则排布，在视觉上会产生连续的效果并具有视觉的张力（图 3.1）；当这些点采用不规则的排布方式时，则会产生跳跃的效果。如果采用不同大小的点进行排布设计，会使画面生动活泼。点的排布方式不同，给人带来的心理感受也不同。多个点连续排布，就会给人一种线的感觉，这种感觉称为视觉心理反应（图 3.2）。

图 3.1   图 3.2

3. 点的视错觉

视错觉就是人们观察到的现象和事物的本质不一样。不同的点所处的空间环境、背景色彩和明暗度不同，所产生的视觉感受也是不一样的，以及由于外界环境的变化而产生的大小、远近、空间等感觉，这其中存在着许多视错觉的现象。例如艳丽的色彩给人距离缩短的视错觉感受，重色和灰色给人以后退的视错觉感受（图 3.3）。

图 3.3

二、线

1. 线的概念

线是点移动的轨迹。在设计中，线具有长度、厚度和宽度，常利用线与线的组合来进行设计，线与线的组合可以形成一定的形状（图 3.4）。这种效果会随着交错构成的不同形成不同的韵律（图 3.5）。线和线在组合的过程中会形成一些空隙，通过这些空隙可以看到其他空间，室内设计中常用这种设计手法来表达借景的设计（图 3.6）。

图 3.4 　　　　　　　　　　图 3.5 　　　　　　　　　　图 3.6

2. 线的特性

线的种类十分丰富，主要分为直线和曲线。直线即水平线、垂直线和斜线；曲线即几何曲线和自由曲线。在设计中可以利用不同粗细的线进行对比排列、渐变和弯曲来表现线。例如可以将线铁管平行排布在墙面上，并在顶部的不同高度进行弯曲，这种线的排布具有规则性，又带有一定的变化。规则与不规则是相对的，由于线型不同，呈现给观看者的心理感受也不一样，而且这种心理感受还带有一定的心理暗示功能。直线具有男性的特征，有力度、稳定；曲线象征着女性，具有优雅和柔美的特性。几何曲线具有对称性，所以会产生秩序的美感，而自由曲线则具有弹性。

3. 线的视错觉

不同的线可以产生不同的视觉效果，有时还会让人产生视错觉。在设计中合理地利用线的视错觉会为画面带来更多的趣味性。例如：如果在两根相互平行的线上加上不同的物体形状，这两条线会显得不平行；将两条颜色不同的直线放在相同的背景下，浅色的线会更加突出，给人以向前的感受，颜色深的线会给人后退的心理感受。

三、面

1. 面的概念

面是线的连续运动的轨迹，面具有长度和宽度的特性。直线平行移动形成长方形；直线旋转移动形成圆形。面是室内设计中不可缺少的基本造型元素。不同形状的面会产生不同的设计效果，同时也会产生不同的心理暗示（图 3.7）。

2. 面的特性

面分为规则面和不规则面。规则面有简洁和秩序的感觉；不规则面则具有活泼、生动的感觉（图 3.8）。

3. 面的视错觉

面的不同应用方式会让人产生不同的视错觉。例如，相同大小的两个圆，位置在上的会显得大一些，在下的会显得小一点。

最基本的面有正方形、圆形、三角形等，我们可以利用这些基本的面进行组合，形成不同的造型。

图 3.7　　　　　　　　　　　　　　　　图 3.8

第二节　形式美法则

在日常生活中，美是每一个人追求的精神享受。当接触任何一件有存在价值的事物时，它必定具备合乎逻辑的内容和形式。在现实生活中，由于人们所处经济地位、文化素质、思想习俗、生活理想、价值观念等不同而具有不同的审美观念。然而单从形式条件来评价某一事物或某一视觉形象时，对于美或丑的感觉在大多数人中存在着一种基本相通的共识。这种共识是人们从长期生产、生活实践中积累的，它的依据就是客观存在的美的形式法则，称为形式美法则。形式美法则由古希腊时期的一些学者提出，至今已经成为现代设计的理论基础知识。形式美法则可以更加生动地表达设计意图和创意构思。形式美法则主要有以下几条。

一、重复与渐变

重复是两个以上基本形体按照某种规律反复地出现，并具有一定的形式美感（图 3.9）。其表现手法比较简单，但是具有连续、规整和节奏美感的效果。优点是可以形成统一的形象，缺点是容易引起视觉心理的枯燥乏味感。在重复中应有局部的变化，利用重复的设计方法进行室内设计，应力求给欣赏者以条理和秩序的美感。

渐变是相同或相近形式要素连续递增或递减的规律变化。例如，在对立的要素之间采用渐变的形式加以过渡，这种有规律、循序渐进的变化，会使视觉过渡更加柔和，形成节奏和韵律感（图 3.10）。

二、对称与均衡

对称是指在是设计中以一个轴线为中线，两侧的形状以等量、等形、等矩且反向的条件相互对称。对称是直观、单纯的空间布局形式。在自然界中许多动植物都具有对称的外形，对称的造型可以表现出端庄、稳重的美。但绝对对称有时会给人以刻板之感。如果在对称中增加一些造型上的变化会消除刻板，产生活泼的效果（图 3.11）。

图 3.9　　　　　　　　　　　　　　　　　　　图 3.10

均衡是指上下或左右等量而不等形的构图形式。均衡与对称是互为联系的两个方面。对称能产生均衡感，给人以活泼的感觉，同时均衡又包含在对称里。均衡的重点是掌握中线，保持视觉上的平衡。均衡的程度不同，给人的视觉感受也不同。

三、节奏与韵律

节奏是指物体在运动的过程中连续有序的变化。构成节奏有两个重要条件：一个是运动过程，另一个是强弱的变化。将运动中的轻重缓急和强弱变化有规律地组合起来，就形成了节奏。在室内设计中，常用节奏和韵律手法来表示物体的变化，通常表现为形、色、材质的变化（图 3.12）。

图 3.11　　　　　　　　　　　　　　　　　　　图 3.12

四、比例与尺度

比例是指造型元素各部分之间的尺度比例关系，这种比例可以是长度、面积、体积等的比例，可以是部分与部分、部分与整体之间的比例，也可以是一个整体内部各部分的比例关系。在一个整体中将面积、体积和色彩等要素按照一定的比例进行设计，可以达到更好的视觉效果。比例是物体在组合过程中优化的结果。古代学者经过不断地摸索，总结出一个最优化的比例。这个比例在工艺美术和设计中最容易引起美感，称为黄金分割或黄金分割率，数值为 1.618：1 或 1：0.618（图 3.13）。

29

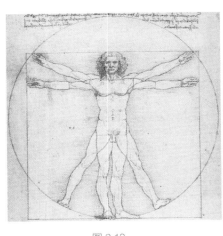

图 3.13 图 3.14

五、统一与变化

统一是事物中存在某种共性，变化是事物中存在着差别。室内设计应在变化中求统一，在统一中求变化（图 3.14）。变化反映了客观事物本身的特点，没有变化会缺乏视觉冲击力。统一则是不同的元素弱化或调和，在多样化的形态要素中寻求共同的要素。例如，在设计中运用统一的色调、形式、材质来获得统一的设计效果。

六、对比与调和

对比是把两个不同的物体排列在一起，进而产生强烈、鲜明的对比，而这种对比在某种程度上又存在共性。对比可以是数量的对比、方向的对比、形状的对比、冷暖的对比、材质的对比、色调的对比、动静虚实的对比等。但是过于强调对比又会产生刺激的反作用，因此在设计中要适当应用对比手法。

对 比 通 过 各要素之间产生比较，从而达到视觉上的冲击力。对比具有鲜明和刺激的特性。

图 3.15

调和是在不同的事物中寻求其共性，进而达到协调统一。调和是在多种形态要素的变化中寻求次序感，寻找相同或相近要素之间的共同点。如果在设计中过于强调调和，又会产生单调的感觉。调和具有安静、和谐的美感。因此在设计中处理调和对比，一定要相互统一，相互协调，这样才能达到最好的效果（图 3.15）。

第三节 室内设计与人体工程学

人体工程学主要研究人、机器和环境之间的相互作用，力求使三者合理结合，进而使设计的机器或环境系统适合人的生理和心理需要，以达到提高效率、安全、健康和舒适的目的。人体工程学以人体测量的基本尺寸为依据，提出了人在视知觉、审美性、使用性以及心理反应等方面的设计规范。人体工程学在欧洲被称为 Ergonomics（人类工效学），在美国被称为 Human Factors Engineering（人类因素学）或 Human Engineering（人类工程学），在日本被称为人间工学，在中国常用的名称有人机工程学、工效学、人机学、人体工程学等。

人体工程学是一门研究人在某种特定环境中的生理学、解剖学和心理学等方面的各种因素，研究人和机器及环境的相互作用，研究在工作中、家庭生活中和休闲时怎样统一考虑工作效率、人的健康、安全和舒适等问题的学科（图 3.16）。从室内设计的角度来说，人体工程学的主要功用在于通过对生理和心理的正确认识，满足室内空间环境功能的需要，进而达到提高室内空间环境质量的效果。

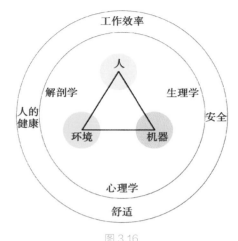

图 3.16

人体工程学研究的主要内容如表 3.1 所示，主要分为如下各项。

表 3.1　人体工程学研究的主要内容

工作系统中的人	工作系统中由人操纵的机械部分			环境控制	
	显示器	操纵器	机具	普通环境	特殊环境
人体尺寸、运动能力、生理及心理要求、对物理和社会环境的感受等	仪表、信号、显示屏等	各种机具的操纵部分、杆、钮、盘、轮、踏板等	家具、设备等	建筑与室内空间环境的体量、照明、温度、湿度、空气质量、声音	高温、高压、振动、噪声等

一、人体尺寸

人的室内活动是以室内尺度和家具尺度为依据展开的，所以室内设计也是以人体的平均尺度为依据进行的。同时人的活动范围和行为方式也是影响室内设计尺寸的特定因素，是界定室内设计尺度的标准（图 3.17、图 3.18）。

二、心理尺度

心理尺度是影响室内设计的一个重要因素。每个人都有自己的心理尺度，这种尺度是不可见的，但和人们的日常生活、学习密切相关。它决定了人们的情绪，人们在活动过程中会产生积极或消极的心理情绪，这些都会影响人们的行为和活动效率。在室内设计中，合理的心理尺度会促使人们主动地了解室内物品，进而激起使用者使用空间的欲望。心理尺度对室内空间有很强的影响作用，因此，在室内设计中应该合理考虑心理尺度（图 3.19）。

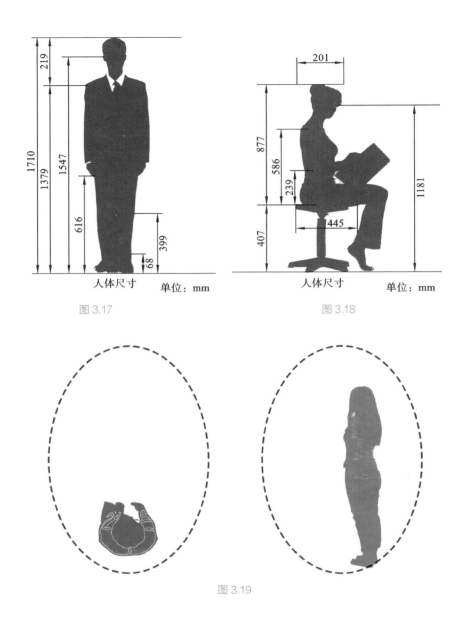

图 3.17　　　　　　　　　　图 3.18

图 3.19

三、视觉因素

视觉是人类重要的感官之一。在室内设计中，人们通过视知觉来获取空间中要传达的信息。视觉通过眼睛接受外界环境中光的刺激，再经过大脑的加工和处理，最后作出主观判断。人所感知的外界信息有 80% 来自视觉。因此，在进行室内设计前有必要了解和研究人的视觉特征。

（一）视野尺度

人眼的视觉区域是有一定限制的，视野尺度是指人眼所能看到的最大空间范围，视野包括一般视野和色觉视野。一般视野是指人的眼睛在 15 度左右的视觉范围内所感受的空间，在此范围内人的视觉分辨力最强，是最佳的视觉范围。色觉视野是指不同波长的光线对视网膜产生各异的刺激，辨别颜色感觉的技能。色觉视野与被视对象的颜色同背景色产生的对比有关，如以白衬黑和以黑衬白所产生的效果完全相反。

白色视野最大，其次是黄色和蓝色，绿色视野最小。

人体各部分尺度与身高之比

人体各部分尺度与身高之比如表 3.2 所示。

小贴士

表 3.2 人体各部分尺度与身高之比

身体部位	百分比 /（%）	
	女	男
两臂展开长度与身高之比	101	103
肩峰至头顶高与身高之比	16.7	17.1
上肢长度与身高之比	41.2	42.1
下肢长度与身高之比	53.1	53.7
坐高与身高之比	72.1	72.3

（二）视角尺度

视角尺度指被视物的两端点光线投入眼球时的相交角度，与视距和所视物体两端点的距离有关（图 3.20）。人的视角尺度在 120 度左右。视角尺度是影响室内设计的重要因素之一，直接影响室内设计的尺度和形象。

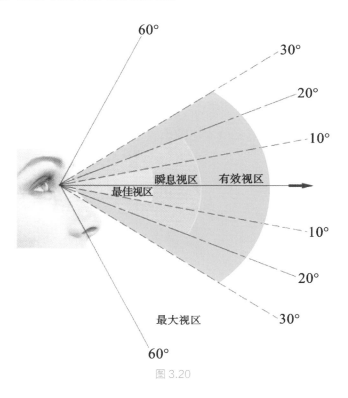

图 3.20

人眼的中心视角与识别物体能力的关系

人眼的中心视角与识别物体能力的关系如表3.3所示。

表3.3　人眼的中心视角与识别物体能力的关系

人眼的中心视角	人眼识别物体能力
10 度	最佳视区，人眼识别能力最强
20 度	可在较短时间内识别物体
30 度	需要集中精力才能识别物体
120 度	最大视区，需要投入相当注意力才能识别清晰
220 度	转动头部最大视角范围

（三）视距尺度

视距尺度指观察者的眼睛到被视物品之间的距离。一般被视物品尺度的 2 ～ 2.5 倍为最佳视距。在观看较大的物品时，视距可以增加到被视物品尺度的 2 ～ 4 倍；在观察精细小巧的物品时，视距以较小为宜（图 3.21）。

视距

图 3.21

四、人体尺寸因素

人体尺寸可分为构造尺寸和功能尺寸。构造尺寸是指静态的人体尺寸，是人体处于固定的标准状态下测量得到的数据。功能尺寸是指动态的人体尺寸，是人在进行某种功能活动时肢体所能达到的空间范围。室内设计中常考虑到的是功能尺寸，如肢体活动范围和坐姿活动空间。肢体活动范围由肢体活动角度和肢体长度构成。坐姿活动空间指人坐在工作台前，手能够活动到的整个三维空间，其范围大小取决于如下两个因素。

（1）肩关节的高度和手臂的长度。

（2）以肩关节为转动中心的抓握空间半径：男性为 650mm，女性为 580mm（图 3.22）。

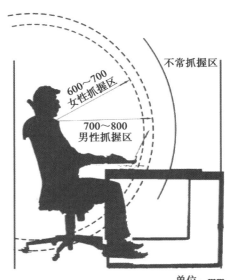

不常抓握区

600～700
女性抓握区

700～800
男性抓握区

单位：mm

图 3.22

五、空间尺度因素

室内设计中的空间尺度因素主要有宽度和高度。

（一）宽度

室内设计中交通空间的宽度是按照所需通过人数的数量设计的，每股人流至少需要70cm 的宽度。最窄的通道也要设计为 1.7m，允许通过两股人流。如果残疾人也需要通过通道，通道宽度还应增加（图 3.23）。

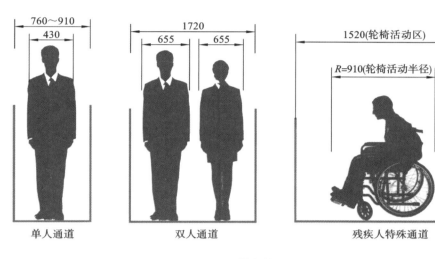

图 3.23

（二）高度

对于一般的室内设计来说，设计重点为 80 ～ 210cm 的高度范围。我国人均身高为 168cm，平均视高约为 150cm，人的最佳视觉高度在水平线高度以上 20cm 和以下40cm 范围内，即 110 ～ 170cm（图 3.24、图 3.25）。

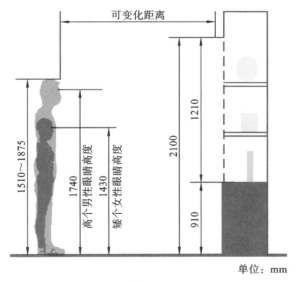

图 3.24

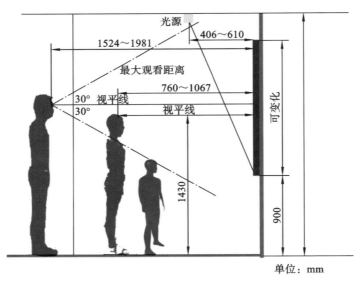

图 3.25

本 / 章 / 小 / 结

　　本章以点、线、面三个基本元素作为切入点，从基本元素的特点与应用，到空间的形式美法则，再到与人体工程学的关系，由浅入深地分析了室内设计中的造型法则。设计的宗旨是以人为本，形式服从功能。所以无论什么样的设计，最终的落脚点还是人，以注重人的感受为中心。本章的最后一节列出了人体工程学中的各项指标在室内设计中的最佳区间，学生通过对本章的学习，能够运用室内空间元素，以形式美法则为参考，创作出视觉冲击力强且符合人体工程学的室内设计作品，让使用者身心愉悦。

思考与练习

1. 简述室内设计中的形式美法则。

2. 观察周围的现象，体会尺度要素和人体工程学在室内设计中的应用。

第四章

室内设计内容

章节导读

室内设计首先要了解室内设计的主要内容包括哪些；其次对空间进行初步的分析、调研，然后从创意与构思对方案进行深入探讨，并对此归纳总结，最后按照室内空间基本布置的方法对空间进行功能区域划分和流线设计，同时注意心理性、效益性和审美性要求。进而设计出符合功能性与审美性的空间环境设计。

室内设计，即对建筑内部空间进行的设计。具体来说，是根据对象空间的实际情况与使用情况，运用科学手段和艺术处理手段，创造出符合功能性和审美性要求的室内空间环境。室内设计包括四个主要内容：空间设计、装修设计、陈设设计和物理环境设计。室内设计是环境设计的一个分支，小到客厅、卫生间、卧室，大到酒店、商场等空间的环境设计都属于室内设计。在研究室内设计时应主要着重研究功能以及区域规划，室内空间要素的设计是否符合人体工程学的尺寸要求，在室内设计中如何设计协调和应用各个元素之间的关系是本章主要研究的内容。

第一节 室内空间的软装饰设计

软装饰，是指在装修竣工之后，利用那些易变动位置的家具和物品，主要包括窗帘，沙发垫和工艺品等装饰物，对室内进行二度陈设与布置（图4.1）。软装饰设计是根据室内空间的大小，使用者的习惯、兴趣和经济状况来进行的，从整体上综合策划装饰装修

图 4.1

设计方案。软装饰具有放置、保护空间结构和装饰性的作用，好的软装饰设计对空间氛围的营造起到促进作用。软装饰按使用功能可以分为功能性软装饰和装饰性软装饰。

功能性软装饰以实用性为主、装饰性为辅，主要包括织物、家具和灯具。其中，家具可用来收纳物品、满足作息需求，织物用来遮阳降噪、丰富空间，灯具用来提供照明、烘托氛围和区分空间。

装饰性软装饰以装饰性为主、实用性为辅，主要包括艺术品、工艺品等。其中，艺术品主要包括绘画、书法、照片与雕塑，在室内壁饰中较为常见。工艺品既讲究制作水平，又具有艺术效果，有极高的审美价值，主要包括编织品、泥塑、玉器、陶瓷等。

装饰性软装饰通过空间的装饰语言来营造室内空间的艺术氛围。

灯具是软装饰设计中的主要陈设品之一，运用于室内空间中不仅可以照明，还可以起到装饰空间的作用。灯具呈现出的不同灯光效果可以增加空间感和层次感，对于渲染空间氛围、突出视觉中心、划分不同区域有着重要意义。设计中可以通过调节灯具角度、距离、色彩等提升不同的空间功能需要。灯具在布置时首先应考虑自身的照明性，其次还应考虑空间的大小与高度，在面积较小、层高较低的室内空间应选择形态较小的灯具，以减少压抑感（图 4.2）。对于面积较大的空间，应选大型吊灯来减少空间的空旷感，增加视觉平衡感。同时，针对不同区域应考虑不同的灯光色彩。

图 4.2

除了色彩、灯具、家具与材料外，室内设计中还有其他软装元素，例如布艺、织物、工艺陈设品和绿植、花艺等。这些软装元素主要用于点缀空间，烘托设计风格，体现文化内涵和个人修养。绿植的布置应根据整体空间进行设计，以视觉中心和视觉的轴线交点处为宜。绿植的搭配和空间环境的结合，使得整体氛围轻松舒适，给人一种亲近自然之感。纺织品是软装饰中另一重要元素，纺织品的造型和色彩是决定风格的两个重要部分（图 4.3）。色彩可以装饰室内空间环境，也可以帮助人认识环境。在色彩的运用上，尽量选择较强的色彩组

图 4.3

合，或增加对比色的共同性，削弱它们之间的对比，使色调相互统一，与周围的环境融合。比如，在炎热的夏季，尽量使用冷色调，比如清新的绿色和冰冷的蓝色，使人们感到清凉自在，仿佛吹着海风，坐在岸边沐浴着阳光。室内空间的主色调应与空间使用功能和周围环境相协调。色彩的选用还应注意到使用者不同的地域文化背景及生活习惯。同一空间中不同色彩之间的关系可以通过色彩的明度、纯度、色相来协调。

第二节　创意与构思

　　设计最重要的理念是创意，这就要求设计师在设计创作过程中不断推陈出新，开拓新的创作思路，从设计的功能开始，寻找合适的设计思维切入点，不断追求创新性题材，找出新的艺术表现形式。在室内设计中首先要对不同性质的空间提出发散型思维创意。分析并确定室内空间的素材和主题，然后对其进行借用、解构、装饰、参照和创造，进而找到表达创意内容的适当形式，将创造性的思维转化成设计作品。

　　（一）确定主题，明确风格，掌握创新的思维方法

　　在室内设计中首先要确定设计的风格和设计主题，了解适合的设计风格种类，以及其中的代表性元素。在设计中简化空间的结构造型，突出设计风格和设计内容的视觉形态，营造更好的空间环境，满足人们的审美需求。

　　风格是指蕴含在室内设计中的文化修养和精神特征，是通过造型艺术所表现出来的品格、风度等，体现了室内设计的艺术特色。它作为一个整体的概念，涉及各个层面的内容。风格的形成与发展是艺术走向成熟的一种标志，同时体现出了某种境界修养以及其中的内涵。随着历史发展和社会的不断变化，室内设计按地域可分为六种风格。

　　1. 中式风格

　　中式风格体现了中国传统文化、生活造诣和艺术修养，大致可以分为两类，一种为中式传统古典风格，另一种为现代中式风格（图 4.4）。

　　2. 东南亚风格

　　东南亚风格受到中世纪印度古老文化和宗教文化的影响，摒弃了奢侈与浮华的元素，整体搭配自然质朴，充分展现人性化和个性化。

　　3. 地中海风格

　　地中海风格充满了各种文化的色彩，并不是一种单纯的风格，而是一种极具浪漫主义情怀的混搭风格，地中海风格以白

图 4.4

图 4.5

色调和蓝色调为主，让人如同沐浴在明媚的阳光下（图 4.5）。

4. 欧式风格

欧式风格主要是指影响欧洲主流思想的国家的建筑及室内设计风格。欧式风格受到了哥特元素、文艺复兴元素、巴洛克元素、洛可可元素、浪漫古典主义元素的影响。欧式风格注重表现材质的质感、光泽，具有豪华贵气、精美纤巧、浪漫怀旧、简单中性、大气而又富丽堂皇的感觉。

5. 田园风格

田园风格倡导"回归自然"，美学上尊重自然、利用自然，在室内设计中表现舒畅、悠闲、怡然自得的田园生活情趣。英式田园风格整体富有浪漫的情趣却不张扬，使人们对美好的生活充满了向往和追求，在装饰上善于用碎花、格子以及其他图案点缀；美式乡村风格的形成与发展受到了其他国家移民文化的影响。它们都属于自然风格，以天然质朴材质进行装饰，将不同风格中的优秀的元素加以汇集、融合、重组，艺术配饰品带有岁月的印记，给人无限的遐想，耐人寻味（图 4.6）。

图 4.6

6. 日式风格

日本是一个岛国，这样的环境孕育了日本独特的审美，加上佛教的影响，所以他们潜意识里认为房子只是暂时居住的地方，简洁、素雅是日本传统建筑的宗旨。

创造一个好的室内设计作品就像写文章一样，要先确定主题，然后构思人物和情节。所以构思、立意可以说是室内设计的"灵魂"。在进行设计之前，需要从总体进行规划，正确的思维方法是设计的关键，因此在设计过程中应综合运用各种思维方法，掌握逆向思维方法、结构性思维方法、联想性思维方法、创新性思维方法，全面地思考问题，丰富设计的语言表现力。

（二）立足于实践，深入调研，寻找设计灵感

灵感来源于实践，在设计过程中，应该深入实际，准确地反映客观事实，不凭主观想象，了解事物的本来面目，详细地钻研材料。研究，即在掌握客观事实的基础上，认真分析并获得所需要的完整的调研资料，从中选取与主题有关的材料，去掉那些无关的、影响不大的、非本质的材料，使主题集中、鲜明、突出；在现有的材料中，经过比较、鉴别、

精选，选择最好的材料来进行设计，同时利用当下的热点进行创新。例如，倡导绿色、节能环保、新材料、新技术、人文关怀、数字化等理念，这些理念往往可以引起人们的共鸣，以此作为设计的切入点。

在室内设计中，加强对常规资源、不可再生资源的节约和回收利用，对可再生资源也要尽量低消耗使用，把自然资源的循环再利用注入设计当中，实现在可持续发展的基础上进行创新设计。

随着科技的不断发展和时代的进步，室内设计作品越来越具有强烈的时代感。室内设计作品不仅仅是纯粹的个人行为，在一定的地域和一定的时代中肯定会受到传统文化的熏陶和影响。而如今，传统文化越来越受到人们的重视，一个优秀的室内设计师要自觉地将相应的传统文化融入现代设计理念中，然后立足于现实，深刻审视中华民族的历史和源远流长的文化，将传统文化的精髓提炼出来，加以继承和创新，形成新的设计理念和思维。

将传统文化作为室内设计的一个新型切入点，将传统美学与现代理念融入设计中，或用新的造型形式表现出来，还可以采用新的构造、新的材料和新的施工工艺，给人带来全新的视觉盛宴，形成现代与传统相结合的室内设计。

（三）归纳总结，明确设计理念与原则

对相关的资料进行分析研究，得出有指导性的结论；根据已有的知识，相互融合，立足于功能性以及艺术性要求进行室内设计。从客户的诉求入手，总结、归纳各方面的情况，从而获得有条理、有参考价值的资料。正确地了解设计原则并使用，对室内设计具有不可估量的意义。室内设计应遵循以下设计原则。

（1）审美性的设计原则。室内设计应遵循对称与平衡、协调与对比、比拟与联想、过渡与呼应、统一与变化的设计原则。

（2）和谐统一的设计原则。软装饰设计应在满足功能性和审美性要求的前提下，使室内的各种物品相互协调融合，成为一个和谐统一的整体。软装饰可以营造出具有美学价值的、和谐的空间，让人们感受到空间与空间之间的相互联系，从而形成和谐统一的视觉效果。

（3）以人为本的设计原则。在室内设计中，软装饰设计一个重要的原则就是要以人为本。现代社会，人们在追求舒适、健康的室内空间环境的同时更加关注心理、生理方面的需求，室内设计应满足个人需求和丰富室内空间的文化内涵。

（4）传统与现代相结合的原则。室内软装饰设计的重点在于装饰，对传统装饰特色进行全面的了解，以及对社会形态、生活习惯和美学理念进行分析，利用传统元素进行创作，设计出兼具传统文化与现代风格的室内设计作品。

室内软装饰的设计原则是将装饰品更好地融入室内空间中，达到美化环境的作用和装饰效果。

第三节 空 间 布 局

空间是指物质存在的广延性。三根不同的轴线可以形成一个空间。有无顶盖是区

图 4.7

别内、外部空间的主要标准。具备顶、地、墙三要素的空间则是典型的室内空间。由于室内空间环境的类型和功能具有多样性、稳定性等特点，因此决定了室内设计必须满足不同功能的需求。一般来说，室内空间的各个区域都有明确的墙体和门的界限，保证了各个空间的独立性，所以室内空间在布局方面有很高的要求（图 4.7）。

一、空间的组织方式、空间类型以及组织原则

1. 空间的组织方式

空间的组织方式是由空间的物质功能和精神功能决定的。根据当时、当地的环境进行构思，结合建筑功能要求进行整体筹划，从单个空间到群体空间的序列组织，由外到内，由内到外，经过反复的推敲，使空间组织达到理性与感性的相互结合。

2. 空间类型

空间类型根据空间构成的特点来区分，主要分为如下几种。

（1）固定空间和可变空间。

固定空间：界面范围明确、使用功能不发生改变的空间，常用于功能性强的房间。

可变空间：与固定空间相反，为了适应不同的使用功能而改变其空间形式，因此经常采用十分灵活的分隔形式，例如折叠门、可开合或升降的隔断、灵活的墙面、屏风、顶棚等。

（2）静态空间和动态空间。

静态空间，其形式一般具有稳定性强的特点，常常采用对称式和垂直水平面处理，空间界限明确，构成单一，视觉常常被固定在一个方位或落在一个具体的实物上，一目了然。

动态空间，也称为流动空间，具有开敞性和导向性等特点，界面组织具有连续性和节奏感，空间构成形式富有变化，使人的视线处于流动状态。

（3）开敞空间和封闭空间。

开敞空间是流动、通透的开放性空间，提供可以交流的视线，让空间与空间之间相互渗透，心理效果上常表现为开朗、活跃的性格，也带有较强的社会性、公共性（图 4.8）。

封闭空间是静止、封闭的，有利于隔绝外来声音、光线等的干扰，常表现为严肃、安静或沉闷、安全性强、私密性强的空间。

（4）肯定空间与模糊空间。

肯定空间是指界面清晰、范围明确、具有强烈领域感的空间，一般为私密性比较强的封闭空间。

在建筑中，凡是似是而非、模棱两可、不可名状的空间形态，通常都被称为模糊空间。它常处于两部分空间之间，难以界定其归属空间，由此形成空间的模糊性、不定性、多义性，从而产生含蓄和耐人寻味的灰色空间，多用于空间的联系、过渡。

图 4.8

（5）虚拟空间和虚幻空间。

虚拟空间指在同一空间内，通过升高或降低某建筑结构，或用不同材质、色彩的平面变化，以达到限定目的的空间，如屏风、隔断等。

虚幻空间通过镜面或画面表达来扩大室内的视觉空间和进深感。例如，在狭窄的空间内装上镜面，可以增加空间的视觉尺度。

（6）暴露结构空间。

暴露结构空间：主要通过暴露部分建筑结构来显示构思、技艺，营造空间美感。无论是传统建筑的空间还是现代建筑的空间，都具有强烈的力度感和安全感。

（7）悬浮空间。

悬浮空间：室内空间在垂直方向上采用悬吊结构时，上层空间的底界面没有明确的构件支撑，因此会给人带来一种新鲜有趣的悬浮之感。悬浮空间具有通透性强、增加空间、轻盈的特点，并且底层空间的利用也更为自由、灵活。

3.空间的组织原则

建筑空间的功能、结构、尺度是室内空间组织方式的决定性因素。在进行室内空间组织时，应分析功能的主次、先后关系，同时考虑软装配饰的布置以及设施、设备对空间产生的影响，然后结合功能要求进行整体筹划。室内空间组织主要有以下原则。

（1）明确的功能分区和合理的空间序列。

首先对空间结构进行分析，将功能区域以及空间活动的序列进行合理的功能划分。空间序列由起始、过渡、高潮、终结四个阶段组成，一般采用直线式、曲线式、循环式、迂回式、盘旋式等划分方式。

（2）明确的交通流线组织和导向性。

分析空间内的活动流线与功能联系，组织好交通流线，并通过光线、造型、色彩等处理手法对人流加以引导，也可以结合地面和顶面的装饰处理引导人们行进的方向。

（3）保证消防安全与疏散安全。

空间组织过程中，要全面考虑消防安全的要求，合理安排空间分布格局，规划好空间的容纳量与尺度。

（4）室内空间尺度的界定。

①室内空间尺度的界定以人体的尺度为基础。人体的尺度是指人体的活动范围，它是确定室内高度范围等的基本依据。

②合理分配动态活动尺度。人在使用室内空间时需要在空间内走动或进行各项活动，这就牵涉到人的各种动态所需空间尺寸的分配。应在充分了解这些动态活动特性的基础上，合理分配空间尺度。

③创造舒适的心理需求尺度。从人们的心理感受考虑，不同性质的室内空间内，还要顾及满足人们心理感受需求的最佳空间尺度。

图 4.9

二、空间的分割形式

1. 绝对分隔

绝对分隔是利用承重墙来分隔空间。绝对分隔具有明确的空间界限，它是封闭的，具有良好的隔音效果，能够很好地阻隔视线，降低了空间内与周围环境的流动性，保证封闭空间的安静、私密和抗干扰。

2. 局部分隔

局部分隔是用不连续的面来围合空间。例如，利用屏风、翼墙、不到顶的隔断和较高的家具等来划分空间（图 4.9）。局部分隔的空间界限不是很明显。

3. 象征性分隔

象征性分隔是用低矮、不连续的面，或是栏杆、构架、玻璃、家具、绿化、水体、色彩、材质、光线等因素来象征性地分隔空间。象征性分隔对空间的限定度很低，空间界面模糊，但能通过人们的联想和"视觉完形性"而感知（图 4.10）。象征性分隔具有流动性强、层次丰富的特点。

图 4.10

4. 弹性分隔

弹性分隔是利用拼装式、直滑式、折叠式、升降式等活动性强的隔断和幕帘、家具、陈设等分隔空间，可以根据使用要求，应对不同的情况，随时开启、关闭或移动，空间随之分合。

5. 水平高差分隔

水平高差分隔是用较大的高差划分出不同的空间区域，使空间形态具有一定的独立性。在某些室内设计中利用下沉式设计，同样可以通过高差营造出空间的通透感（图 4.11）。

图 4.11

6. 隔断分隔

隔断分隔是指分割空间线条，形成隔断，空间之间具有较强的通透感和渗透性。

7. 色彩材质分隔

色彩材质分隔是利用墙体、地面铺装等的色彩和材质的变化，划分出不同的空间。这种分隔增强了空间的延展性和视野的开阔性。

8. 家具分隔

家具分隔是利用书柜、吧台或餐桌等家具，划分出不同的活动区域，使空间具有领域感（图 4.12）。

9. 装饰构架分隔

装饰构架分隔是利用装饰形构架来划分空间，简单明确，在材质上亦可多样并存，

图 4.12

增加了空间的丰富感和趣味性（图 4.13）。

10. 建筑结构分隔

利用钢框架分隔出的空间具有很强的现代感；而用旋转楼梯分隔出的空间则凸显方位感。这种分隔方式分隔出的空间具有很强的渗透性。

11. 水体、绿化分隔

利用高低错落的植物分隔空间，可以使空间营造出一种轻松、开放的氛围，有美化和扩大空间感的效果。

图 4.13

12. 照明分隔

利用不同的灯具、光源和照明方式，以不同的位置和角度分隔空间，可以使室内环境更加丰富多彩。

三、空间布局的安全性要求

（1）楼地面装饰必须保证在使用期间的坚固耐久性和安全可靠性。墙面装饰应该保护墙体不受损害，使墙体在室内湿度较高时不易破坏，提高耐久性（图 4.14）。

图 4.14

（2）在墙体改造过程中，应注意墙体的安全问题。室内的墙体分为承重墙和非承重墙。对于多层结构的住宅来说，承重墙除了承受上部的重量，还承受楼板传来的楼面荷载，非承重墙承受自重的重量及其下部墙体的重量。

（3）在设计过程中要特别关注空气污染问题。塑料地板、化纤地毯、仿石膏、塑料发泡天花板等装饰材料以及其他质量不合格的装饰材料释放出的放射性气体都会导致呼吸道疾病，因此空气污染问题是安全性要求的重中之重。

（4）随着市场经济的快速发展和科学技术的不断进步，一些新工艺、新材料被更多、更广泛地应用于建筑装饰施工中（图 4.15）。然而，在这些新材料中，有

图 4.15

一定数量的可燃的合成纤维和大量未经严格阻燃处理的高分子装修材料被应用到装修工程中，不同程度地形成了先天性的火灾隐患。在室内设计中，应尽量减少使用具有火灾隐患的材料，或采取消防喷淋等措施。

第四节 流线设计

人的每一项活动都是按照一定的规律在特定的空间中进行的，这就是空间的序列设计，也称为流线设计。室内空间的交通流线通过一定的路径联系，合理组织各个功能区域，使人在空间内的行为更加方便、顺畅、舒适。流线设计是室内设计的客观依据，这就要求设计师既要根据室内空间的性质和使用方式划分功能区域，同时，还应当考虑空间使用者在心理上的满足感和愉悦感。根据建筑的规模和室内空间的类型，通常将室内流线组织形式分为横向流线组织和竖向流线组织两种。

（1）横向流线组织主要针对单层室内空间，在同一高度内进行流线设计。

（2）竖向流线组织主要针对楼层较多、空间类型和规模比较复杂的室内空间，除了每一层的流线设计必须合理外，还必须保证楼层与楼层之间的流线设计的安全性与合理性。

流线是在平面布局设计中经常要用到的概念，它根据人的行为方式把一定的空间组织起来，通过流线设计分割空间，从而达到划分不同功能区域的目的。流线组织的好坏直接影响室内环境的使用质量，严重的甚至会导致空间使用上的混乱。在组织空间序列时，首先要考虑主要流线方向的空间处理，同时还要兼顾次要流线方向的空间处理。

一、空间序列的特征

（1）起始阶段。起始阶段是空间序列的开端，这一空间往往给人第一印象，在任何空间设计中都应给予充分的重视，它与将要展开的心理推测有着习惯性的联系。

（2）过渡阶段。过渡阶段具有承上启下的作用，是空间序列中比较重要的一个环节。

（3）高潮阶段。高潮阶段是空间序列的重点，其他各个阶段都是为高潮阶段的出现做铺垫的，因此空间序列中的高潮阶段是室内设计的精华所在，也是空间序列艺术性的最高体现。

（4）终结阶段。终结阶段具有终结设计的作用。从高潮回复到平静，良好的结束又似余音绕梁，有利于使用者对室内设计的整体效果进行审视。好的终结阶段会产生耐人寻味的效果。

二、空间布局注意事项

不同的空间组织序列会产生不同的空间关系，并影响使用者对空间的感受。因此，在组织空间布局时应充分考虑以下几个方面。

在室内空间流线的组织过程中，门厅、中庭、楼梯、自动扶梯，电梯厅等空间是流线组织的具体实施方式。此类功能空间设计的大小、位置、数量直接影响人在空间内的行为、感受、习惯和舒适度。

1. 流线的导向性

流线的导向性具有指引人们沿一定方向流动的特性。良好的交通流线设计，不需要路标或文字说明，通过空间设计语言便可以有效地指导人流的方向。

2. 序列长短的选择

序列的长短直接影响高潮阶段出现的快慢，序列长，则高潮阶段出现得晚，反之则高潮阶段出现得早。

3. 序列布局类型的选择

空间序列布局一般分为对称式、不对称式、规则式和自由式。序列的布局取决于空间的性质、规模、建筑环境等因素。

4. 空间构图的对比

一般来说，高潮阶段出现前后，空间的过渡形式应该有所区别，但本质上还是基本一致，以强调共性，通常以统一的手法为主。作为高潮阶段前期准备的过渡环节，通常会采用对比的手法。布局和流线是室内空间进入设计阶段的起点，也是进一步进行空间深化的基础，成熟的设计师往往由此作为切入点，把握整体空间的定位，并且由点及面，充分展开，游刃有余地进行后期的设计。

5. 高潮的选择

在室内设计的整体过程中，我们往往可以找出具有代表性的、最能反映空间性质特征的、集中精华所在的主要空间，作为一个空间的高潮部分。

本 / 章 / 小 / 结

本章从软装饰内容出发，讲述了多种不同类型的软装饰的应用形式、材质内容及设计原则，进一步从创意与构思的角度对室内空间的平面布局及流线设计进行了详细的描述。实际应用中，要学会灵活变通、举一反三，不拘泥于固定的设计形式和材料，在面对不同的设计场景及客户需求时，综合运用不同的设计元素，以达到最好的设计效果。

思考与练习

1. 了解空间软装饰的分类及特点。

2. 简述室内设计的创意与构思程序。

3. 简述室内设计的平面分隔方法和流线设计。

第五章

室内设计的材料与构造

章节导读

在室内设计中，材料无处不在。在选择材料前要先了解材料的种类和特性，才能在设计中适当使用。设计风格和设计构思需要由不同特性的材料来呈现。选用合适的材料可以更好地呈现室内空间的功能与特性，让使用者身心愉悦，更好地应用空间功能。室内空间与材质美的统一是室内设计者进行创意设计的重要课题。

　　材料是室内外装饰、装修的必要元素，如何在种类繁多，不同材质、质感、色彩的材料中挑选出合适的材料，是室内设计师的一项重要工作。在室内设计中，设计师应根据空间不同的使用性质和功能来挑选适合的材料，以表现设计内涵和视觉效果。

第一节　室内设计的材料种类

　　室内材料是指用于室内空间内部墙面、顶棚、柱面、地面等的饰面材料。室内材料不仅能改善室内空间的艺术环境，使人们得到美的享受，同时还兼有绝热、防潮、防火、吸声、隔音等多种功能，起着保护建筑物主体结构、延长其使用寿命以及满足某些特殊要求的作用，是室内空间装饰不可缺少的元素。室内材料可分为天然材料、金属材料和合成材料。

一、天然材料

（一）天然材料的分类

天然材料的分类如表 5.1 所示。

表 5.1　天然材料的分类

天然材料	分　　类
天然的金属材料	自然金（例如金箔）
天然的有机材料	木材、竹材、草等来自植物界的材料和皮革、毛皮、兽角、兽骨等
天然的无机材料	大理石、花岗岩、黏土、玉石

图 5.1

（二）天然材料的特征

（1）天然材料具有个体差异大的特性，不同材料间的性能和形状相差较大（图5.1）。

（2）天然材料具有很强的地域性，即使是同一材料，在不同区域也会产生不同的特性。一些天然材料仅仅限于在少数地区出产。

（3）天然材料的形状、花纹、色彩、性能很难统一。天然材料有形状与数量的限制，一般不适宜作为单一品种大批量产品的材料使用。

（4）天然石材具有很高的抗压强度和耐磨性，不同地区的材质呈现出不同的色彩、花纹、硬度等特性。但天然石材比较脆，抗拉强度较低，加工和铺装具有一定难度（图5.2）。

二、金属材料

金属材料是指金属元素或以金属元素为主构成的具有金属特性的材料。金属材料包括纯金属和合金，在自然界中只有七十多种纯金属，但是合金却很多。

（一）金属材料特性

1. 工艺性能

（1）锻造性能。

由于金属具有优良的流动性能，在凝固后可以锻造不同的室内装饰品。

（2）焊接性能。

图 5.2

不同的金属部件可以通过焊接进行连接（图 5.3 ）。

（3）镂雕性能。

由于金属具有一定的硬度，可以使用工具对其进行镂雕。

2. 使用性能

（1）力学性能。

金属材料在外力的作用下具有拉伸、压缩、弯曲、剪切、扭转的特性。在室内设计中常利用金属材料的这些特性进行造型加工。

（2）物理性能。

金属的物理性能包括密度、熔点和导热性。

（3）化学性能。

金属具有耐腐蚀和抗氧化性。金属材料在常温下可以抵抗氧气、水蒸气和其他化学介质的腐蚀，同时金属材料在加热时具有抵抗氧化作用的能力。

（二）金属材料分类

1. 金属板材

金属板材是指表面附着各种金属材料的板材。常用的板材有不锈钢板、铝板、低碳钢板、铝镁合金板、铜板、镍板等。

（1）金属板。

金属板表面平滑、有光泽，而且具有较高的可塑性、韧性、机械强度和耐酸碱性。例如不锈钢板不容易生锈，还可通过表面着色来提高其装饰效果（图 5.4、图 5.5 ）。

（2）彩色涂层钢板。

彩色涂层钢板是以钢板为基材，涂上有机涂料经烘烤而制成的一种金属装饰板。彩色涂层钢板色彩丰富、颜色艳丽。铝扣板是彩色涂层钢板的一种，主要以铝合金板材为原材料，通过一次模压成型，并在其表面附着涂层。铝扣板吊顶比石膏板、矿棉板吊顶更方便，安装更快速。

2. 金属管材

在室内设计中常用金属管材作为结构支撑（图 5.6 ）。按照不同的分类方法可以将金

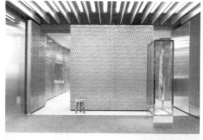

图 5.3   图 5.4   图 5.5

图 5.6 　　　　　　　　　　图 5.7 　　　　　　　　　　图 5.8

属管材分为以下几种。

（1）按生产方法分，可将金属管材分为无缝管和焊接管。

（2）按断面形状分，可将金属管材分为规则断面管材和不规则断面管材。

①规则断面管材：圆形管材、方形管材、三角形管材、六角形管材、菱形管材、方形管材等。

②不规则断面管材：梅花形钢管、双凸形钢管、双凹形钢管、圆锥形钢管、波纹形钢管等。

室内设计中应用得比较多的金属管材是铝格栅和铝方通，这两种材料是近几年来比较流行的吊顶材料（图 5.7、图 5.8）。铝格栅整体的线条规范整齐、层次分明，适合现代简约的室内空间风格，同时具有安装方便、通风和透气效果好的特点。

轻钢龙骨是金属管材中的一种。轻钢龙骨吊顶是以薄壁轻钢龙骨作为支撑框架，配以石膏板和吸音板饰面。轻钢龙骨分为主龙骨、次龙骨和连接件三个部分。主龙骨起主干作用，是主要的受力构件，整体吊顶的重量通过主龙骨传给吊杆。饰面板可以固定在次龙骨上，其间距由饰面板的规格决定。连接件的主要作用是通过螺栓连接主次龙骨，使它们组成一个骨架（图 5.9）。

龙骨有 U 型龙骨、C 型龙骨和 T 型龙骨三种类型。

图 5.9

三、合成材料

（一）天然合成材料

1. 胶合板

胶合板是由三层或多层 1mm 厚的木板胶贴热压制而成的，这种板材是目前常用的材料之一（图 5.10）。胶合板一般分为 3mm、5mm、9mm、12mm、15mm、18mm 六种规格。其特点是变形小、力学强度高、尺寸稳定。

2. 细木工板

细木工板又称大芯板，是由两片单板中间胶压拼接木板而成的，分为 15mm、18mm 两种规格（图 5.11）。这种材料的优点是纵向拉力好、尺寸稳定、加工简单。缺点是密度差别大、易产生变形、横向拉力低、厚度偏差较大、甲醛含量高。

3. 刨花板

刨花板是以木材的碎屑为原料，以胶水为黏合剂压制而成的薄型板材（图 5.12）。这种木板板面平整、纹理逼真、结构均匀密实，可进行油漆和贴面，不易变形翘曲，耐污染、耐老化。缺点是强度低，不适宜制作较大型或者有力学性能要求的家私。

图 5.10

4. 地板

地板可以分为实木地板、强化复合地板和实木复合地板三种。强化复合地板是以一层或多层专用纸浸渍热固性氨基树脂铺装在刨花板、中密度纤维板、高密度纤维板等人造基材表层，背面加平衡层，正面加耐磨层，经热压制而成的地板（图 5.13）。强化复合地板强度较高，耐磨性好，适合在公共空间中使用。

（二）高分子合成材料

1. 铝塑板

铝塑板由多层材料复合而成，上下层为高纯度铝合金板，中间层为无毒低密度聚乙烯芯板或 PVC 塑料，正面粘贴一层保护膜。铝塑板是易于加工成型的好材料（图 5.14）。

2.KT 板

KT 板是由 PS 颗粒经发泡生成板芯，再经表面覆膜压合而成的一种新型板材，重量较轻、易于加工，可以在板子的表面上印刷图案、涂漆等，而且价格较低。

图 5.11

图 5.12

图 5.13

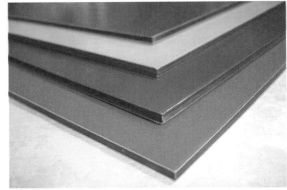

图 5.14

3．亚克力

亚克力也称有机玻璃，分为透明亚克力和彩色亚克力。亚克力有多种色彩，可根据需要染成不同的颜色，应用在灯箱上的亚克力多为无色透明。这种材料具有硬度高、不易碎、表面光泽亮丽、透光漫反射的特性（图 5.15）。

图 5.15

（三）软膜

软膜是一种近年来被广泛使用的室内装饰材料，已经日趋成为吊顶的重要材料。软膜具有透光性，可配合不同的灯光营造梦幻般的室内空间效果。软膜天花材质比较轻，首先需要实地测量，然后在工厂里制作相应的尺寸，通过一次或多次切割成型，并用高频焊接完成（图 5.16）。

（四）玻璃

玻璃是非结晶的硅酸盐类非金属材料，主要成分是二氧化硅，在高温时呈现出网络结构，冷却后硬化。玻璃被广泛应用于室内设计中，常用于装饰墙面或作隔断。玻璃可以扩大空间，使空间显得更加通透（图 5.17）。玻璃的种类繁多，按生产工艺可以分为热熔玻璃、浮雕玻璃、夹胶玻璃、玻璃马赛克、

图 5.16

发光玻璃等。除了普通的玻璃外还有钢化玻璃和特种玻璃。钢化玻璃破碎后会呈现出无锐角的颗粒形式碎裂，不会对人体造成大的伤害。特种玻璃中的防弹玻璃实际上就是一种夹层玻璃，只是防弹玻璃多采用强度较高的钢化玻璃，而且夹层的数量也相对较多。

图 5.17　　　　　　　　　图 5.18　　　　　　　　　图 5.19

（五）织物

　　砖石墙、金属、玻璃、地砖等常给人一种生硬、无情的感觉，但是彩色、柔软的装饰织物则截然不同。添加了窗帘、床品、地毯、沙发布、桌布、靠垫、挂饰、毛巾、插袋、布艺装饰品、织物玩具等配饰的房间形成了一个刚柔并济的室内环境。好的布艺设计不仅能提高室内环境的档次，使室内更趋于温暖，还能体现一个人的生活品位。地毯是软装配饰的一个重要元素。地毯的主要材料有棉、麻、毛、丝、天然纤维或化学合成纤维类。地毯的种类繁多，比较流行的地毯种类有手织地毯、机织地毯、簇绒地毯、针刺地毯、编结地毯等。地毯不但是室内空间的装饰品，而且具有一定的艺术价值。地毯应用的空间环境较多，例如展览厅、博物馆、酒店、体育馆等。公共空间的地毯要求具有耐磨、抗静电、抗老化和耐火的特性，同时地毯的色彩、风格应与环境的整体色调、风格相协调。如果局部铺设地毯，地毯的色彩和花纹应与地面的色调相呼应（图 5.18、图 5.19）。在室内空间中，窗帘往往占据了一面墙，其风格取决于室内风格。根据窗户的不同，窗帘从材料、工艺、功能等方面都有诸多分类，选择窗帘的时候要根据居室的大小选择合适的窗帘样式。色彩浓淡适宜、花色合意、手感舒适的窗帘，不仅能让房间大变样，还能提高人的睡眠质量。在室内空间中，靠垫具有点缀的作用。除了常见的方形、圆形之外，现在的靠垫形状、色彩、花纹更加丰富。靠垫的填充物从传统絮状物的绒毛、棉花，发展到现在的 PP 棉、珍珠棉等新产品，装饰效果显得更加饱满。

第二节　室内空间装饰材料的应用原则

一、色彩协调原则

室内空间装饰材料是室内空间色彩表达的重要媒介。室内空间的色彩其实就是各种

地毯具有吸音、隔热、行走舒适和装饰的作用。

59

装饰材料的
色彩分为天然
色和人工色两
种。

装饰材料色彩的体现。空间的六个界面色彩决定着整体空间的色彩倾向。色彩并非材料本身固有的，它涉及物理学、生理学和心理学方面的知识。从生理学角度来说，色彩是眼部神经与脑细胞感应的联系；从物理学角度来说，材料的色彩主要取决于三个方面：材料的光谱反射、观看时射于材料上的光谱组成和观看者眼睛的光谱敏感性；而从心理学角度来说，色彩就是一种感受，心情好的时候会感觉色彩更加艳丽。装饰材料的色彩是以材料为载体，因此对装饰材料而言，色彩极为重要。选择装饰材料色彩时应注意以下几个原则。

（1）装饰材料的明度对比。不同材料之间存在着明度差异，明度高的色彩会给人以明亮轻快的感觉，而明度低的色彩给人以沉闷、严肃的空间感受。

（2）装饰材料的色相对比。装饰材料的色相对比指的是不同材料存在的不同色彩倾向而形成的差别对比。色相对比的强弱取决于色相环上的位置。色相环上的位置越远，色相对比越强烈。例如黄与紫、红与绿、蓝与橙，强烈的色相对比可以形成极大的视觉冲击力。

（3）装饰材料色彩冷暖的对比。装饰材料色彩冷暖的对比是指材料色相偏向于红色类的暖色系和偏向于蓝色类的冷色系之间的对比。暖色系给人亲切和温暖的感觉，冷色系给人以现代、科技的感觉。

（4）装饰材料色彩纯度的对比。色彩的鲜艳度取决于这一色相发射光的单一程度，不同的颜色组合在一起，它们的对比是不一样的。纯度越高的色彩，在空间环境中越突出；纯度越低的色彩显得越浑浊，给人以后退感。

二、材料环保原则

室内环境是目前备受关注的事情，一般住宅内的有害气体、超标辐射等污染都是由不环保的装饰材料和过度装修造成的。因此在材料选择方面一定要考虑环保因素，并且将这一因素放在首要位置上。如果室内污染物含量过高，会影响人的身体健康。室内装修污染物主要有以下几类：甲醛；苯系物（苯、甲苯、二甲苯）；总挥发性有机物（TVOC）；游离甲苯二异氰酸酯（TDI）；可溶性铅、镉、汞、砷等重金属元素等。

三、材料肌理

装饰材料所用的原材料、生产工艺及加工方法的不同，促使装饰材料表面形成不同的肌理，有的细腻，有的粗糙，甚至同一种材料也会产生不同的肌理。不同的质感会引起人们不同的感觉。天然的装饰材料表面还会形成不同的花纹和纹理。

除了上述要求外，室内空间装饰材料的选用还应注意强度、立体造型、耐水性、耐侵蚀性、耐火性、不易褪色等方面的要求。

本 / 章 / 小 / 结

　　本章主要围绕室内设计材料，从材料分类及其应用原则两方面进行详细讲解。实际应用中，不仅要注意不同质感、色彩材料的实用性，更要注意其所表达的不同内涵。在室内设计中，针对不同的设计对象选择合适的材料，不仅能更好地表达设计者的设计意图，从心理学角度看也能对设计起到锦上添花的作用。

思考与练习

1. 了解室内装饰材料的概念。

2. 简述室内设计装饰材料的分类及主要材料的特性。

3. 学会室内设计装饰材料的应用原则，并说明应用方法。

第六章
室内设计中的色彩与灯光

章节导读　室内空间灯具和色彩的选用直接影响室内装饰设计的效果。视觉元素是人们对空间印象的最直观感受。本章重点讨论色彩和灯光的使用原则和方法，锻炼学生对室内空间色彩和灯光使用的能力，根据不同的设计要求，用色彩和灯光反映不同的室内设计风格。

在室内设计中，除了材料、风格等设计元素外，灯光和色彩也是非常重要的设计元素。在室内设计中，应根据不同的设计风格选用不同的色彩来营造空间氛围，突出设计主题，体现空间特色。在现代家庭装饰中，灯具的选择已不仅仅局限于照明需求，不同的材质和技术会产生不同的光与色的效果，可以利用这种效果进行室内设计。

第一节　室内设计的色彩

一、色彩的基本原理

人们通过眼睛观察外界事物，色彩是人眼视网膜在受到光的作用后作出的反应，这种感觉与生俱来。在观察事物时，人们首先观察到的就是色彩，然后是物体的形态，最后才是对事物细节的观察。人眼在受到光的刺激后会产生视觉反应。光和色是相辅相成、互相依存的。不同波长的光投射到物体上，一部分光被吸收，另一部分被反射到人的眼睛，经过视神经传递到大脑，产生关于物体的色彩信息，即人的色彩感觉（图 6.1）。室内

色彩通过视觉传达丰富的信息，从而影响人的心理活动，同时还具有象征功能。

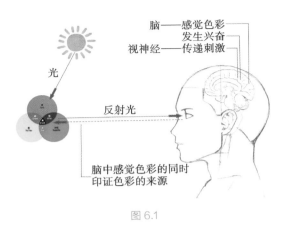

脑——感觉色彩
发生兴奋
视神经——传递刺激

光

反射光

脑中感觉色彩的同时
印证色彩的来源

图 6.1

设计中色彩的应用直接影响参观者的视觉和心理感受，因此色彩在室内设计中拥有重要的地位。

二、室内设计色彩的特点

室内设计的色彩应该是同色系的搭配，在确保整体空间色调协调的基础上，可以为某些软装配饰的单体选择一些对比色，以形成强烈的色彩对比，突出自身色彩的个性。色彩在现代室内设计中主要有以下几个特点。

1. 同一色相

每个室内空间都有一个主色调，即色彩在空间中所占面积较大的主导色。空间的色彩基调要与室内设计主题相协调。空间中的墙面、地面、天花、软装饰、空间造型、灯光色调等方面都应与主色调协调（图 6.2 ）。

2. 对比色

空间色彩在整体色调协调一致的基础

图 6.2

上还应有局部的色彩变化，这样空间设计才能更活泼、层次更丰富。利用色彩的色相、纯度、明度和肌理的变化营造出一个丰富的室内环境，跳跃的色彩可以为空间增加活力（图 6.3 ）。

图 6.3

局部色彩的选用要以主体色调为依据，同时要突出空间的特点，可以选用对比色、明度反差大、冷暖对比的色彩，这种色彩搭配方式更能突出室内空间的主题。

3. 色彩的暗示性

色彩的明度、色相和纯度变化可以通过眼睛来感受，这种变化同时会影响人的心理、情绪和行为。不同色彩主题的室内空间可以给使用者带来不同的生理和心理感受（图 6.4 ）。色彩具有强烈的心理暗示功能，可以影响使用者的空间使用欲望。

红色与其他色彩搭配：与柠檬黄搭配时，红色呈现出一种深暗的、受抑制的力量，被象征着知识的黄色力量所控制；与暗红色搭配时，红色起着平静和熄灭热性的作用；

与紫丁香色搭配时，红色变为受抑制的色彩；与黄绿色搭配时，红色变成一个冒失鲁莽的闯入者，生动而富于意趣；与橙色搭配时，红色似乎黯淡而无生气；与黑色搭配时，红色会迸发出不可征服的激情和力量。

图 6.4

橙色是黄色与红色的混合色，也属于令人兴奋的色彩之一，它代表着温馨、活泼、热闹，给人明快的感觉。橙色是色彩中最温暖的颜色，易于被人所接受，因此，成熟的果实和富于营养的食品多为橙色。这种色彩又易引发关于营养、香甜的联想，并且容易引起食欲。

橙色与其他色彩搭配：与白色搭配时，橙色显得苍白无力；与黑色搭配时，橙色表现出其最明显的特性。淡化的橙色会失去其生动的特性，加深的橙色能取得最大的温暖度和最活跃的视觉效果。

黄色是一种快乐且带有少许兴奋性质的色彩，它代表着明亮、辉煌、醒目和高贵，使人感到愉快，是非常明亮而娇美的颜色，具有极强的视觉效果。

黄色与其他色彩搭配：与白色搭配的黄色看上去黯淡而无放射光，因为白色会将黄色推到从属位置；与浅粉红色搭配的黄色则失去了生气；与橙色搭配的黄色更显高贵，这两种色彩搭配时，就像上午的强烈阳光照耀在成熟的麦田上；与绿色搭配的黄色，更具有亮丽色彩；与红紫色搭配的黄色，表现出一种极富特点的力量，坚实而冷静。

绿色是介于黄色和蓝色之间的色彩，既有黄色的明朗，又有蓝色的沉静，两者融合，使绿色在宁静、平和之中又富有活力。绿色是大自然的色彩，具有平衡人类心理的作用。

绿色与其他色彩搭配：与黄色搭配时，绿色会产生明快的感觉；与灰色搭配时，绿色会产生悲伤、衰退感；与橙色搭配时，绿色的活力增加到最大程度；与黑色搭配时，绿色一方面体现出稳定、浑厚、高雅的特点，另一方面则给人冷漠、郁闷、苦涩的感觉；与蓝色搭配的绿色是冷色系生动有力的扩展。绿色的转调领域非常广阔，可以借各种色彩对比表现不同形象。

蓝色属于冷色系，它沉静、清澈，代表宁静、清爽、理智等，使人产生高远、空灵、静默清高、远离世俗、清净超脱的感觉。

蓝色与其他色彩搭配：与黄色搭配的蓝色没有亮度；与绿色搭配的蓝色显现出红色

66

的光芒；与白色搭配的蓝色显得清凉而又洁净；与黑色搭配的蓝色明快、纯正，亮度很高。此外，蓝色在与某些冷色系搭配时，易产生陌生、空寂和孤独感。

紫色是一种很难使用的色彩，代表神秘、高贵、威严，给人以优雅、雍容华贵之感。提高紫色的明度，可产生妩媚、优雅的效果，而降低紫色的明度，则容易失去光彩。

白色是给人以纯洁印象的色彩，代表和平、纯洁。这种色彩具有衬托其他色彩的作用。

黑色在视觉上是一种消极的色彩。一方面，黑色象征着悲哀肃穆、死亡、绝望；另一方面，则给人以深沉、庄重、坚毅之感。黑色在与其他颜色搭配时，可以使设计获得生动且极有分量的效果，往往能形成强烈的视觉冲击力。

图 6.5

4. 色彩的引导性

室内空间色彩对使用者的视觉和行动有引导的能力，因此充分利用色彩来引导使用者更好地使用空间是色彩设计的目标（图 6.5）。

5. 色彩的情感性

色彩可以影响空间的体积感。暖色与纯度高的颜色给人以前进感，这种色彩的搭配会让空间显得比实际的空间小；冷色与纯度低的颜色则给人后退的感觉，这种色彩的搭配会让空间显得比实际的空间大（图 6.6）。

图 6.6

三、室内设计色彩的应用原则

（一）协调统一原则

室内设计是富有创造性的艺术性设计，通过使用色彩可以让使用者得到功能上的满足，同时满足使用者对审美的需求。应在满足功能需求和与主色调统一的基础上，选择对比的色彩形式来活跃空间氛围，进而产生视觉冲击力（图 6.7）。

（二）以人为本原则

图 6.7

室内设计的服务对象是空间中的人。因此，室内设计师在进行色彩设计时要以人为出发点，考虑到不同民族、年龄、习惯的人的实际需求（图 6.8）。

（三）个性化原则

在室内设计中应该始终围绕空间风格以及主题来确定空间主色调。空间的性质、主题和风格决定空间的色彩倾向。在儿童空间设计中常采用鲜艳的高纯度色彩。跳跃的色彩适合孩子活泼的天性，让他们更容易融入环境。商业空间为了刺激消费者的购买欲望，常设计明亮的色调。在办公空间设计中多采用中性、柔和的灰色和木质颜色来营造轻松愉快的工作氛围（图6.9）。一些企业具有独特的CI设计，在办公空间设计中可以适当使用公司特定的CI色彩。

图 6.8

四、室内设计色彩的应用方法

室内设计师要根据色彩的搭配原则和方法进行室内色彩的搭配。室内空间中的色彩对比包括家具、装饰品、植物、灯具、壁纸、织物等的色彩对比。色彩应用的关键在于掌握色彩的分类、搭配、过渡和对比的方法。和谐搭配的色彩才能创造一个协调的室内环境。室内空间色彩的对比方法主要包括以下几种。

图 6.9

（1）明度对比——明度对比是指色彩明暗度的对比，也称色彩的黑白对比。明度对比是室内空间色彩选择的重要依据，色彩的空间层次与空间关系主要依靠色彩的明度对比来表现。室内空间色彩的明度对比直接影响配色的光感、明度、清晰度（图6.10）。

（2）色相对比——色相环上的两种或两种以上的颜色放在一起时，呈现出色相的差异，从而形成的对比现象（图6.11）。色相的差别是由于可见光度的长短不同而引起的。

（3）彩度对比——彩度是指色彩的纯度，常以某种色彩纯色所占的比例来分辨彩度的高低，纯色比例高为彩度高，纯色比例低为彩度低，色彩鲜艳的彩度高，黑白灰无彩度，只有明度（图6.12）。

（4）冷暖对比——在色相环中每一个颜色对面（180度）的颜色，称为对比色或互补色。颜色分为暖、冷两大色系。红、黄为主的色彩称为暖色系，蓝、绿为主的色彩称为冷色系。不同的冷暖色彩给人不同的心理感受，红与绿、蓝与橙、黄与紫互为对比色，把这些对比色放在一起时，会让人产生强烈的排斥感。若将这些对比色混合在一起，会调出浑浊的颜色（图6.13）。

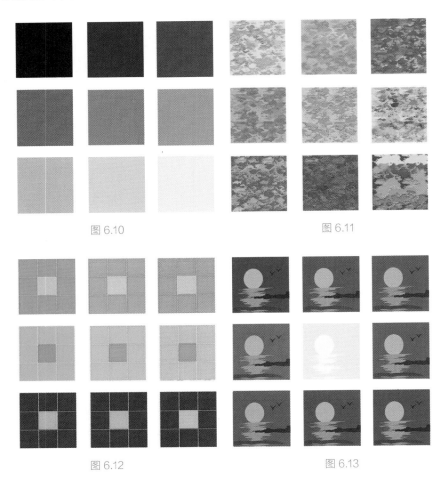

图6.10　　　　　　　　　　　　图6.11

图6.12　　　　　　　　　　　　图6.13

（5）面积对比——是指两个强弱不同的色彩放在同一个空间进行对比，色彩强的应使用较小的面积，色彩弱的应使用较大的面积，这样才能达到均衡的效果。色彩的强弱是以其明度和彩度来判断的。面积对比实际上是一种多与少、大与小之间的对比。

第二节　室内设计的灯光

一、光的基本知识

光是能量的一种存在方式，光可以塑造形态、表现质感、呈现色彩、营造氛围。在室内设计中灯光起到了很大的作用。

1. 光谱

光谱是复色光经过色散系统（如棱镜、光栅）分光后，被色散开的单色光按波长（或频率）大小而依次排列的图案，全称为光学频谱（图6.14）。人眼所感觉到的光的波长一般

图6.14

在 370 ～ 780nm 范围内，这只是光中很少的一部分。

2. 照明光源

室内设计中的光源主要分为自然光和人工照明。自然光是一种天然的光源，不仅照明效果自然通透，而且环保节能。相对于自然光，人工照明的形式更加灵活，照度容易控制，性能稳定。在室内设计中，人工照明被广泛地应用，最大限度地保证了室内照明的质量和稳定性，控制照明效果。

二、照明形式的分类

（1）直接照明——光线直接由照明灯具发出并直接照射到物体上（图 6.15）。这种照明方式较为明亮，节约能源。

（2）间接照明——光线经过灯罩等遮挡物体，经过反射间接地把光照射到物体上（图 6.16）。这种照射方式灯光较暗，适合作为环境光，渲染环境氛围。

（3）半直接照明——照明灯具发射出来的光大部分向下并直接照射到物体上，通过光的反射作用来达到照明的效果（图 6.17）。这种照明方式多用于强调主次关系，灯具多采用半透明的材料。

（4）半间接照明——照明灯具发射出来的光少量地直接照射到物体上，而大部分的光是向上照射的，光对被照物体只起间接作用（图 6.18）。

三、室内灯光设计的基本方法

在室内灯光设计中，如何运用光的艺术效果来营造空间氛围是室内设计需要探讨的问题。光线是否和谐关系到设计的具体效果。室内灯光设计的基本方法可以概括为以下几类。

1. 光的形态塑造

光是无形的，但在室内灯光设计中应用的光却是有形态、有体积的。光的形态需要通过灯具的发光体来塑造。灯具发出的光分为集中光和漫射光（图 6.19）。两种不同的光所呈现出的光影效果不同。通过发光体来塑造光的形态，在室内设计中能够有效地营造空间氛围，多用于重点照明，这样能使室内的主题更加突出，从而达到与众不同的视觉效果。

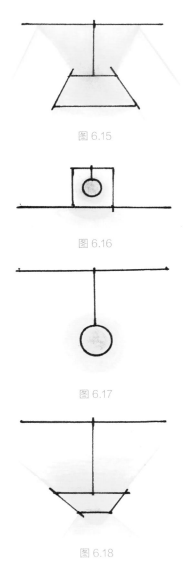

图 6.15

图 6.16

图 6.17

图 6.18

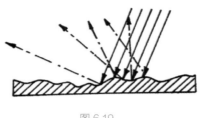

图 6.19

图 6.20

2. 光的环境塑造

不同主题的室内空间需要不同照度的光环境来渲染。用不同的照明方式可以呈现不同的光晕效果，进而营造不同的空间氛围（图 6.20）。

四、光与色

自然界的光分为红、橙、黄、绿、青、蓝、紫七种色彩（图 6.21）。光源的颜色可以用色温来表示。理论和实践都证明光源颜色按其色温不同会给人以冷或暖的感觉。

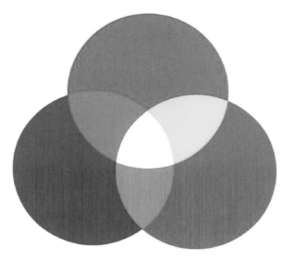

图 6.21

红色属于暖色系，象征热情、性感、权威、自信，是能量充沛的色彩，但长时间接触红色就会使人感到疲劳。

黄色属于暖色系，是明度极高的颜色，能刺激大脑中与焦虑有关的区域，常用作警戒色。

绿色是象征自由和平、新鲜舒适的颜色，绿色的环境能促进身心健康。

蓝色象征纯洁、神圣、信任和高科技，适合优雅、宁静的气氛。

本／章／小／结

　　本章重点讲述了室内设计中色彩和灯光的使用原则和方法。色彩与灯光是室内设计的点睛之笔，色彩对人的心理具有暗示作用，灯光设计则是体现设计灵魂的手段。实际应用中，一定要注重这两方面的设计，选择既满足使用功能和照明质量要求，又能够增加空间层次、渲染环境氛围的色彩与灯光，满足人们视觉生理和审美心理的需求。

思考与练习

1. 了解室内设计色彩应用的基本方法。

2. 简述室内设计采光与照明的基本知识。

第七章
室内设计制图与透视

章节
导读　施工图是室内设计中非常重要的环节，是前期方案构思的实质表达，也是工程审批、施工的依据。室内设计师应具备室内设计的相关理论知识，掌握形式美法则，并能准确地绘制施工图。

室内设计制图包括平面图、立面图、剖面图、节点详图、大样图等。这些图是室内设计的施工依据，在图纸中可以表现室内设计中详细的尺度、材料、结构、施工方法和色彩等。

第一节　专业制图方法与规范

一、建筑结构类型

1. 砖混结构

砖混结构是指建筑物中竖向承重结构的墙、柱等采用砖或砌块砌筑，柱、梁、楼板、屋面板等采用钢筋混凝土结构。通俗地讲，砖混结构是以小部分钢筋混凝土和大部分砖墙承重（图7.1）。

2. 混凝土结构

混凝土结构包括素混凝土结构、钢筋混凝土结构和预应力混凝土结构。钢筋混凝土

室内设计制图与透视是室内设计专业用于表达设计意图的手段。

图 7.1

结构和预应力混凝土结构都是由混凝土和钢筋组成。钢筋混凝土结构是应用最广泛的结构，除一般的工业与民用建筑外，许多特种结构都是用钢筋混凝土建造的（图 7.2）。

3. 钢结构

钢结构是以钢材制作为主的结构，是主要的建筑结构类型之一（图 7.3）。钢材的特点是强度高、自重轻、刚度大，故常用于建造大跨度和超高、超重型的建筑；材料塑性、韧性好，可有较大变形，能很好地承受动力荷载；建筑工期短；工业化程度高，可进行机械化程度高的专业化生产；加工精度高、效率高、密闭性好。其缺点是耐火性和耐腐蚀性较差。

4. 木架结构

木架结构建筑是由柱、梁、檐、枋等构件，形成框架来承受屋面、楼面的荷载以及风力、地震力（图 7.4）。木框架的墙并不承重，只起到围合、分隔和稳定的作用，空间的自由组合度比较宽。我国的木架结构建筑主要有抬梁式和穿斗式两种。

二、制图标准

1. 图纸幅面规格表

建筑图纸应符合表 7.1 的图纸尺寸规定（单位：mm）。

表 7.1　图纸幅面规格

尺寸代码 ＼ 幅面代码	A0	A1	A2	A3	A4
$B \times L$	841 × 1189	594 × 841	420 × 594	297 × 420	210 × 297
C	10			5	
A	25				

表中的 B、L 分别代表图纸的短边和长边，a、c 分别代表图纸框线到图纸边缘的距

图 7.2

图 7.3

图 7.4

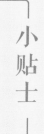
小贴士

常用比例和可用比例如表7.2所示。

表7.2 比例表

常用比例	1:1，1:2，1:5，1:20，1:50，1:100，1:200，1:500
可用比例	1:3，1:15，1:25，1:30，1:40，1:60，1:150，1:250，1:300，1:400

离。A0 图纸的面积为 $1m^2$，A1 幅面的面积是 A0 图纸的一半，裁纸的时候实际是对开，以此类推。

2. 比例

比例即图形与实物相对应的比例尺寸。例如1:1表示图形大小与实物大小相同。例如，1:100 表示 100m 在图形中按比例缩小为 1m。比例以阿拉伯数字表示，如 1:1，1:50，1:100 等。可以应用比例尺，比例尺上刻度所注的尺寸就代表了要度量的实物长度，如1:100 比例尺上 1m 的刻度，就代表了 1m 的实际长度。在 1:200 的尺面上，每一小格代表 0.2m，每一大格代表 1m。

3. 图纸框线绘制

一般情况下，一个项目的图纸以一种图幅为主，尽量不要大小图幅混合使用。图纸的短边不可以加长，而长边可以加长。以图纸的短边作为垂直边称为横式，以短边作为水平边称为立式（图7.5）。

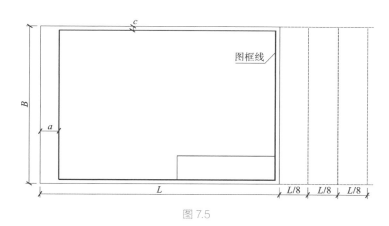

图 7.5

4. 线型设置

根据不同的性质、功能和特点，图纸所使用的线型也有所不同。国家制图标准对各图线的名称、线形、线宽和用途都作了明确的规定（表7.3）。

表7.3　线型设置

名称	线　　型	线宽	一　般　用　途
粗	▬▬▬▬	b	被剖切的主要轮廓线、主要外轮廓线、详图中轮廓线
中粗	———	0.7b	被剖切的次要轮廓线、主要造型轮廓线、家具轮廓线、植物外轮廓线
细	——	0.25b	尺寸线、尺寸界线、图例线、索引符号、标高符号、图例填充、造型细部等
虚线	- - - - - -		建筑构造及建筑构配件不可见轮廓线、索引范围、图例线
点划线	—·—·—	0.25b	轴线、中心线、对称线
折断线	———／—	0.25b	断开界线
波浪线	～～～	0.25b	断开界线

5. 字体设置

工程图纸上需要绘制的还有各种符号、字母代号、尺寸数字及技术要求或说明等（表7.4）。中文一般应采用长仿宋体，因为长仿宋体字体挺拔、字迹清晰，容易辨认和书写（图7.6）。字体高度和宽度的比例一般为3:2。图面的阿拉伯数字，其字体可以直写也可以75度斜写。

表7.4　字体设置

比例	A3 图幅字高	A2、A1、A0图幅字高	文字样式名	字体	字体宽度比例
总区域汉字标注（如大堂、餐厅）	3	3.5	WORD–3	宋体	1
总区域英文标注	3	3.5	WORD–2	黑体	1
功能汉字标注（如服务台、礼宾台）	2.5	3	WORD–3	宋体	0.8
功能英文标注	2.5	3	WORD–2	黑体	0.8
图面中汉字（如材料、物料标注等）	2	2.5	WORD–1	仿宋 –GB2312	0.7
图面中数字及英文	2	2.5	WORD–2	黑体	0.7
尺寸标注数字	2	2.5	DIM	宋体	0.7

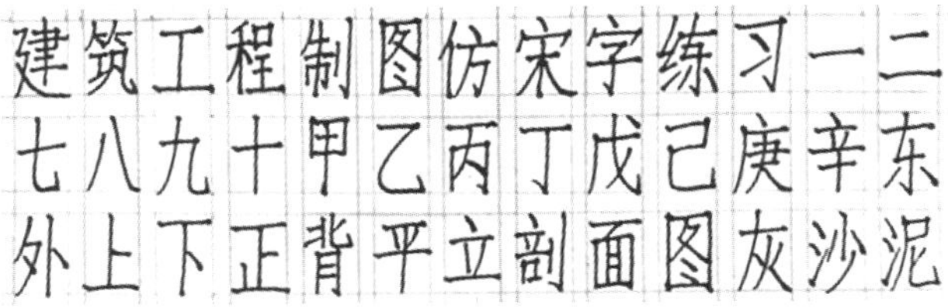

建筑工程制图仿宋字练习一二
七八九十甲乙丙丁戊己庚辛东
外上下正背平立剖面图灰沙泥

图7.6

6. 常用图例

图例符号是施工图的基本元素，绘制时要按照比例绘制适当的尺寸。同时，标注应尽可能按照国家颁布的行业法规进行，这样也有利于审图单位或施工单位的工作顺利进行。常用图例如表7.5、表7.6所示。

表 7.5　灯具类图例

图例	说明
—·—·—	日光灯带
—— LED —— LED ——	LED 灯带
① ② ③	嵌入式筒灯
▣ ▣ ▣	方形嵌入式筒灯
◎ ◎ ◎	下挂式筒灯
⊖₁	防水筒灯
⊕₁	防水防潮防爆灯
◆₁	射灯
◆₁	可调节射灯
⊖⊕⊖　♦♦♦	导轨射灯
▣	格栅射灯
▣▣	双联格栅射灯
▣▣▣	三联格栅射灯（可调节方向）
▣○　○▣	格栅射灯（吊线式）1
田	600×1200 灯盘（3 根灯管）
田	300×600 灯盘（2 根灯管）
田	600×600 灯盘
田	空调灯盘
田	300×1200 灯盘（带透光罩，2 根灯管）
▣	洗墙灯
⊕	吸顶灯 1
回	吸顶灯 2
⊕	工艺吊灯 2
▣▭▣	办公吊灯（吊线式）

图例	说明
	200×1600 办公吊灯（吊线式）
	200×1200 办公吊灯（吊线式）

表7.6 消防类图例

C– 顶面设备（喷淋、烟感、报警）

图例	说明
	顶面安装消防广播
	墙面安装消防广播
	扬声器
	顶部安装喷淋器
	墙面安装喷淋器
	感烟探测器
	感温探测器
	可燃气体探测器
	手动报警按钮
	消防栓按钮
	雷达感应器（顶面安装）

C– 顶面应急照明

图例	说明
E	安全出口
	疏散指示（单方向）
	疏散指示（双方向）
	应急照明灯

P– 消火栓

图例	说明
	消火栓

P– 平面设备（顶面显示）

图例	说明
	防火卷帘

A– 消火栓（原建筑）

图例	说明
	消火栓（原建筑）

7. 平面图绘制

（1）绘制轴线。

定位轴线主要用于确定建筑结构尺寸。在施工图中，承重墙、柱、梁、屋架等主要承重构件的位置处均需画上定位轴线，并对其进行编号，作为施工墙体放线的依据（图7.7、

图 7.8）。轴线编号应标注在图纸的下方与左侧的圆内。横向编号应用阿拉伯数字,以从左至右的顺序编写。竖向编号应用大写英文字母表示,以从下至上的顺序编写;英文字母 I、O、Z 不得用作定位轴线编号;如果字母数量不够用,可增用双字母或单字母加数位注脚,如 AA,BB,…,YY 或 A1,B1,…,Y1。定位轴线用细实线或细点画线绘制,编号注写在轴线末端的圆内,圆的圆心应在定位轴线的延长线或折线上。柱网间距以 5100 ～ 8700mm 比较合适。

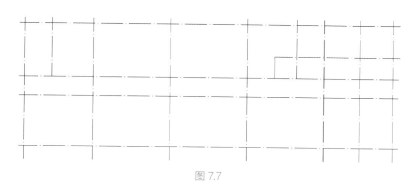

图 7.7

（2）柱子。

柱子是轴线过结构中心或固定墙体的中心的建筑支撑结构。柱子为钢筋混凝土结构,常用柱子的模数为 50mm（图 7.9、图 7.10）。

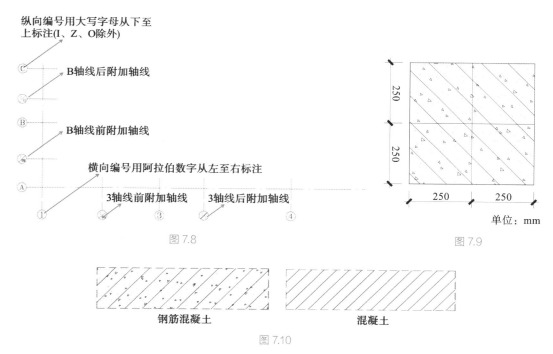

图 7.8

图 7.9

图 7.10

（3）绘制墙体。

墙体主要包括承重墙与非承重墙,主要起围护、分隔空间的作用。墙体要有足够的强度和稳定性,具有保温、隔热、隔声、防火、防水的能力。我国现行黏土砖的规格是 240mm×115mm×53mm（长 × 宽 × 厚）。连同灰缝厚度 10mm 在内,砖的规格长:

宽：厚 =4:2:1。同时在 1m³ 的砌体中有 4 个砖长、8 个砖宽、16 个砖厚，这样 1m³ 砌体的砖用量为 4×8×16=512（块），砂浆用量为 0.26m³。常用的砖墙有以下几种：

半砖墙：图纸标注为 120mm，实际厚度为 115mm；

一砖墙：图纸标注为 240mm，实际厚度为 240mm；

一砖半墙：图纸标注为 370mm，实际厚度为 365mm；

二砖墙：图纸标注为 490mm，实际厚度为 490mm；

3/4 砖墙：图纸标注为 180mm，实际厚度为 180mm。

钢筋混凝土板墙用作承重墙时，其厚度为 160mm 或 180mm。混凝土墙体用于外围护墙时常取 200～250mm，用于隔断墙时，常取 100～150mm（图 7.11、图 7.12）。分隔墙采用轻质砌块，厚度为 200mm。电梯间墙体采用钢筋混凝土墙体。

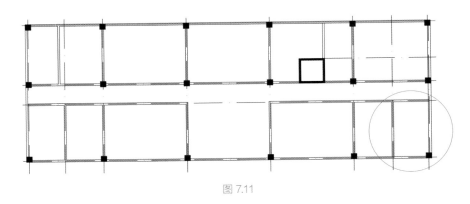

图 7.11

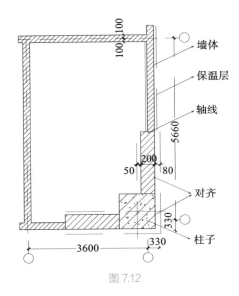

图 7.12

（4）门绘制。

门作为内部与内部、内部与外部空间重要的连接点，是建筑室内空间重要的结构。它的材质、构造以及装饰风格都应当与室内空间的整体风格相统一。常用的单开门的尺寸：（650～1000）mm×（2100～2400）mm；双开门的尺寸：（1200～1800）mm×（2100～2400）mm。门的种类有很多，按不同的分类方式可分为不同的类型。按门的材料分，主要有木质门、玻璃门、金属门等。木质门一般用于家庭和公共空间的内部；玻璃门一般用于门厅入口或者联系紧密的空间；金属门一般用于入口、财务要地，承担防火、防盗的特殊功能。按门的开户方式分，主要有平开门、推拉门、折叠门、转门等。平开门分为单开门、双开门和三七门，尺寸规格如图 7.13 所示；推拉门的尺寸规格如图 7.14 所示；常用的转门及其尺寸规格如图 7.15 所示。门扇厚度为 40mm 左右，用细线画双线。门轨迹线为 1/4 圆或 45°斜线、细线或细虚线。门的高度一般要大于等于 2m。

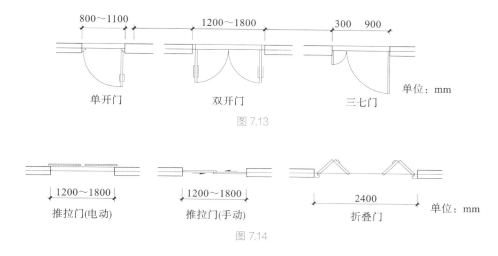

图 7.13

图 7.14

（5）窗户绘制。

窗户主要用于解决室内的采光和通风，一般由窗洞、窗框、窗扇、窗台等部分构成。随着建筑形式的变化和建筑技术的发展，窗户设计突破了原有的观念，在形式、材质、开启方式上有了很大的发展，特别是玻璃幕墙的开窗方式，已和建筑立面融为一体。窗扇开启方式

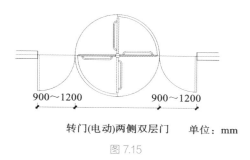

图 7.15

分为推拉和平开两种。窗的平面形式有飘窗、转角窗、弧形窗等（图 7.16）。设计师在设计时可根据需要适当地改变窗的形式和尺寸，这样不但可以满足采光、透气的实用性，还能提高它在整体建筑中的审美价值。

图 7.16

（6）尺寸标注规范。

图形只能表示物体的形状，各部分的实际尺寸需要用数字标注（图 7.17）。而且标注必须规范、完整、合理、清晰，否则会直接影响施工。除标高及总平面图以米（m）为单位外，设计图上标注的尺寸一律以毫米（mm）为单位。因此，设计图上的尺寸数字都不用再标注单位。施工图上的尺寸应包括尺寸界线、尺寸线、尺寸起止符号和尺寸数字。

尺寸界线用细实线绘制，一般应与被标

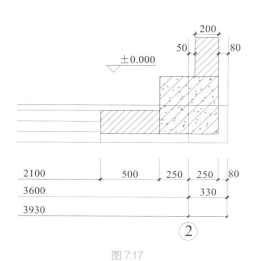

图 7.17

注长度垂直，其一端离图样轮廓线的距离不小于 20mm，另一端超出尺寸线 2～3mm。必要时图样轮廓线可用作尺寸界线。尺寸起止符号一般应用中粗斜短线绘制。其倾斜方向应与尺寸界线顺时针成45度角，长度应为2～3mm。图样上的尺寸应该以尺寸数字为基准，不得从图上直接量取。尺寸数字应依据其读数方向注写在靠近尺寸线的上方中部。如果没有足够的位置标注，最外边的尺寸数字可注写在尺寸界线的外侧，中间相邻的尺寸数字可错开标注，也可引出标注（图 7.18、图 7.19）。尺寸数字应以"0"和"5"为结尾。

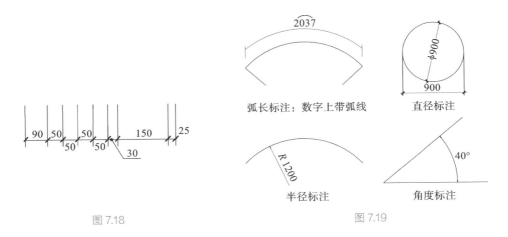

图 7.18　　　　　　　　　　　　　　图 7.19

（7）楼梯绘制。

楼梯是建筑中各楼层间垂直交通的建筑构件，用于楼层之间的垂直交通联系。在以电梯、自动扶梯作为主要垂直交通手段的多层和高层建筑中也要设置楼梯作为消防逃生通道。楼梯由连续梯级的梯段、平台和围护构件等组成。楼梯的最低和最高一级踏步之间的水平投影距离为梯长，梯级的总高为梯高。

图 7.20～图 7.26 所示为某个建筑中的楼梯施工图。

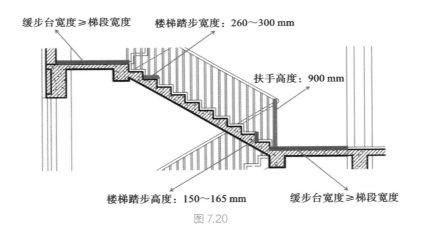

图 7.20

（8）卫生间平面绘制（图 7.27）。

①厕位尺寸：长为 1000～1500mm，宽为 850～1200mm，高大于等于1900mm。

一层楼梯平面图

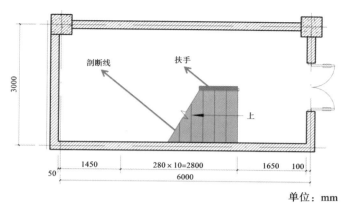

图 7.21

中间层楼梯平面图

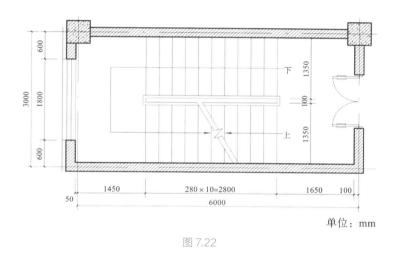

图 7.22

顶层楼梯平面图

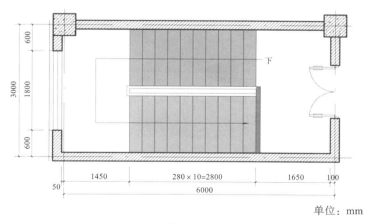

图 7.23

一层楼梯天花图

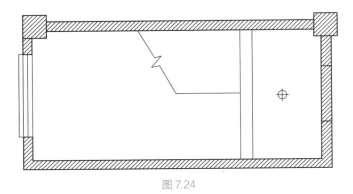

图 7.24

中间层楼梯天花图

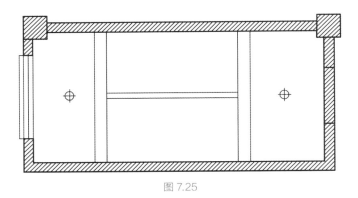

图 7.25

顶层楼梯间天花图

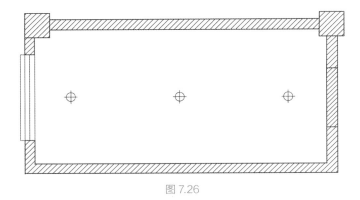

图 7.26

②厕位门宽：600 ～ 650mm。

③小便器之间的距离为 700 ～ 800mm。

④洗手池台面宽度为 450 ～ 600mm，高度为 700 ～ 800mm。

⑤残疾人卫生间轮椅回转半径为 750mm。

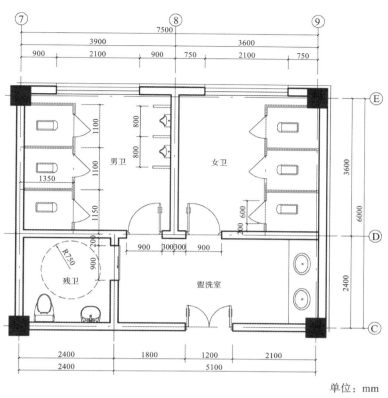

单位：mm

图 7.27

（9）标高、坡度标注（表 7.7）。

①标高数字应以米为单位，注写到小数点后第三位。

②在总平面图中，可注写到小数字点后第二位。

③零点标高应注写成 ±0.000。

④正数标高不标注"+"，负数标高应标注"－"，例如 3.000、－0.600。

⑤坡度以百分比表示，箭头表示坡度方向。

表 7.7 标高、坡度标注

第二节 透 视 图

透视学是数千年来中外画家和设计师在实践中总结出来的一门绘画技法。文艺复兴时期的乌切罗、卡斯尼奥和达·芬奇开始系统地研究透视学。透视图在室内设计中是设计意图在平面上的体现，是创造立体空间的方式，是设计者按平面构思绘制的立体图形（图

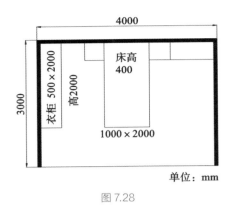

图 7.28

7.28）。常用的透视方法有平行透视图法（一点透视法）、成角透视法（两点透视法）。

一、平行透视（一点透视）

（1）先作出室内实际宽度与高度的立面外框 *A*、*B*、*C*、*D*，然后在视平线上定出中心消点、测点，从中心消点到测点的距离一定要大于 1/2 宽度尺寸，最好等于宽度尺寸。值得注意的是：中心消点在左，则测点在左；中心消点在右，则测点在右。如果中心消点在左，测点在右，那么右测点可能在透视画面内，这样透视图就不可能成立，测点不能在透视画面内（图 7.29）。

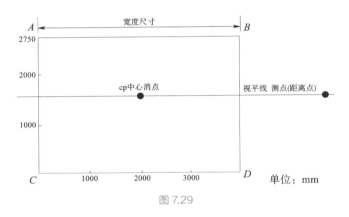

图 7.29

（2）由室内宽度尺寸的各点向中心消点引透视深度线，再向测点引线，在引线交于深度线的各点上作水平线，即求出该室内空间在透视图上的深度（图 7.30）。

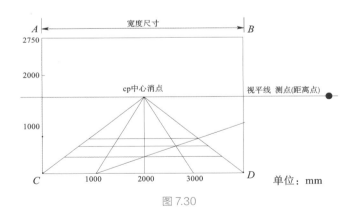

图 7.30

（3）由 *A*、*B* 两点向消点引透视深度线，再在地面上的各水平线与墙相交处作垂直线上引，即可迅速作出室内的空间透视图（图 7.31）。

（4）根据地面的透视网格，便可作出室内各种家具的透视尺寸。以底柜为例，先作出平面透视的底部，在底部长方形的四个角处作垂直线，然后由实高向中心消点引透视线，与左边两条垂直线相交，则成为底柜的透视高度，即可画出它的外形，其他家具画法同上（图7.32）。

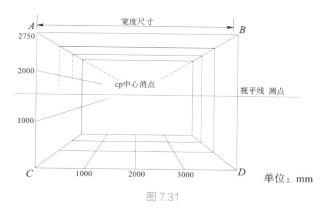

图 7.31

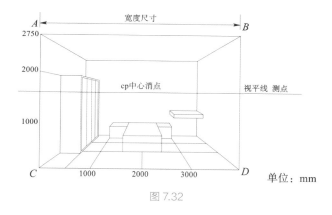

图 7.32

二、成角透视（两点透视）

物体上的主要表面与画面倾斜，但其上的铅垂线与画面平行，所作的透视图有两个灭点，称为两点透视（图7.33）。两点透视比较自由、活泼，反映的空间比较接近于人的真实感觉，缺点是如果角度选择不好，易产生变形。

图 7.33

（1）画水平线（基线）定出左右墙尺度，画垂直线定出室内高度（图7.34、图7.35）。从基点垂直线到测点的距离要大于1/2墙体宽度。

（2）定出视平线，由两墙尺度外点引至视平线上定测点。由墙角到测点的距离，定出左右两个消点（图7.36）。

（3）由消点过墙角上下引左右墙的透视线（图 7.37）。

（4）由测点与短墙尺度点引线延伸到强透视线上，即得出地面透视图各尺度位置，再由消点过透视尺度引线，得出地面尺度的透视地格。根据透视地格即可画出整个室内空间的空间透视图（图 7.38）。

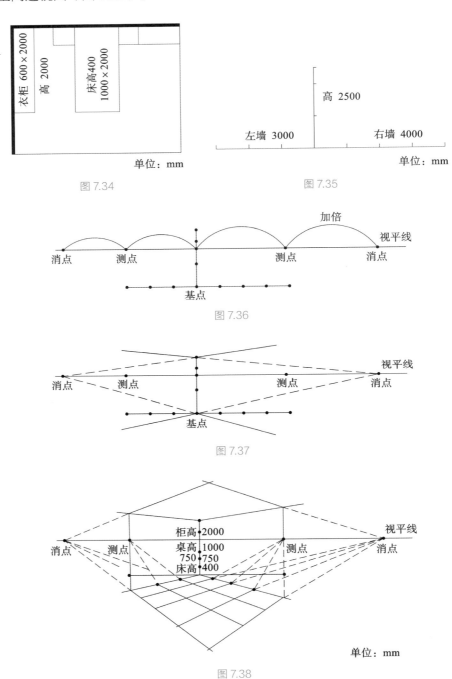

图 7.34

图 7.35

图 7.36

图 7.37

图 7.38

（5）将平面图上的家具尺度绘于透视图地格之上，再由中央墙角线定出各家具高度点引线，即可画出家具的立体透视图（图 7.39）。

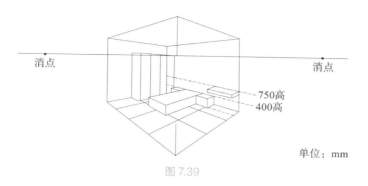

消点　　　　　　　　　　　　　　　　　消点

750高
400高

单位：mm

图 7.39

第三节　施工图范例——书吧

　　某书吧的施工图如图 7.40 ～图 7.46 所示。（注：如无特殊说明，本小节所用施工图的单位均为 mm。）

图 7.40

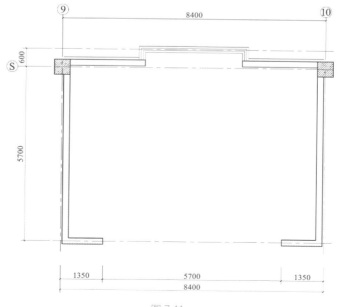

图 7.41

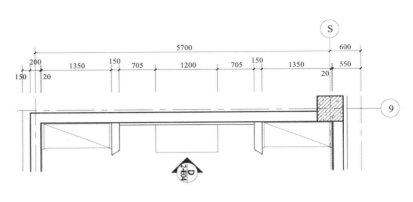

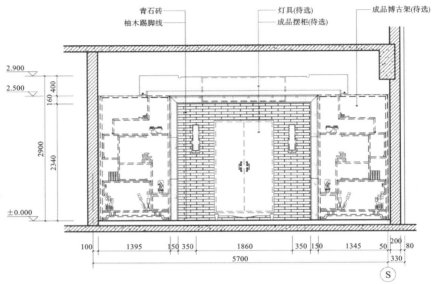

图 7.42

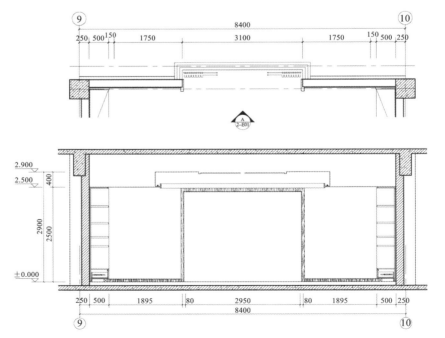

图 7.43

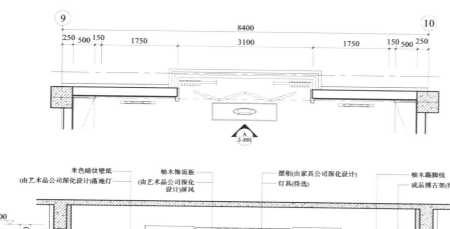

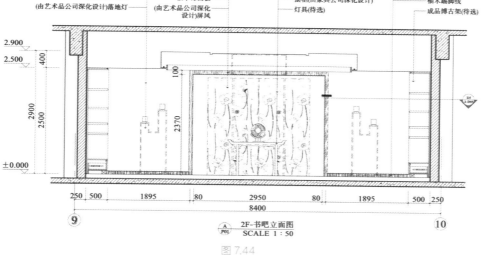

米色暗纹壁纸
(由艺术品公司深化设计)落地灯　柚木饰面板
(由艺术品公司深化
设计)屏风　摆柜(由家具公司深化设计)
灯具(待选)　柚木踢脚线
成品博古架(待选)

A
P01　2F-书吧立面图
SCALE 1 : 50

图 7.44

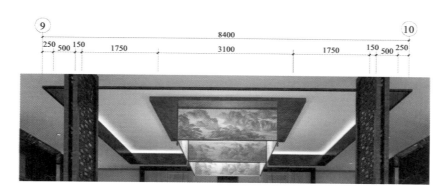

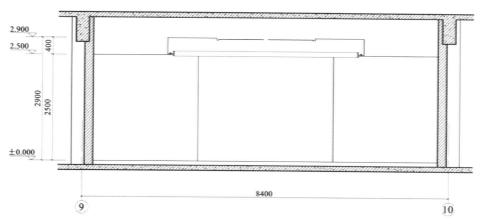

图 7.45

完成面尺寸图

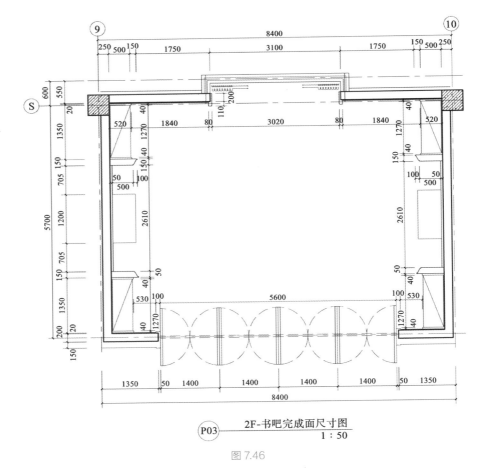

P03　2F-书吧完成面尺寸图
1：50

图 7.46

本 / 章 / 小 / 结

　　本章重点讲述了透视与制图中施工图和透视图的绘制原则和方法。施工图的比例与制图标准是施工图绘制的基础。实际制图中，还应注重工程字、线型设置这两方面的内容，使绘制出的施工图满足施工的需要。

思考与练习

1. 绘制墙体（北方建筑），具体要求如下。

（1）柱网（1个）：6000mm×6000mm，柱子 500mm×500mm。

（2）东侧和南侧为外墙，西侧和北侧为内墙，保温层厚 100mm。

（3）门窗自定。

2. 绘制楼梯间标准层平面，具体要求如下。

（1）层高 3.0m。

（2）门窗自定（提示：有窗的墙为外墙）。

第八章

室内设计表现技法

章节导读　手绘效果图是室内设计艺术化效果的表达，是室内设计师的艺术语言，是与客户沟通的媒介。手绘效果图可以直观生动地表达设计师的设计构思。本章主要讲述了手绘效果图的使用工具、绘制方法以及技巧。

手绘效果图表现技法是每个学习设计的学生和设计师都应该掌握的基本技能。手绘效果图可以表达设计者的设计意向，设计者可以用不同的手绘技巧来反映不同的设计构思。手绘效果图是建筑师和室内设计师的语言媒介，可以快速、生动直观地反映设计师的设计意图，便于设计师与甲方的沟通和交流。手绘效果图不但可以分析设计方案的材质、工艺及设计风格等，还能有效提高专业能力。

在整体设计过程中，手绘效果图也可以用于前期的方案分析。设计师可以通过便捷的绘画工具和材料快速地绘制出能够表达其设计概念的效果图，还可以通过图面文字对设计的材质、特性以及设计理念进行进一步的解释说明，让甲方进一步了解其创作意图。设计师也可以通过效果图的绘制过程，进一步深入分析设计的结构、色彩、肌理以及质感。这是启发设计师产生新的设计思路、逐步完善设计的过程。

手绘效果图的表现技法对于设计师来说是很重要的设计构思能力，掌握这种能力对于设计师来说是必不可少的。如果不具备一定的室内设计表现技法的能力，会影响设计构想的表达和说明，甚至会影响设计师的创造力和设计能力的发展。虽然现在电脑效果

设计师可以通过手绘效果图对建筑物的室内外空间的材质、色彩、结构及肌理进行艺术处理，模拟真实的场景效果。

图已经被广泛应用，但是手绘效果图在时间、经济和技术等多个方面具有一定的优势，仍被广大设计师所认可。

第一节　手绘效果图绘制的基本工具与材料

绘制效果图前，首先要了解和熟悉手绘效果图的表现工具，例如：水性笔、钢笔、马克笔、彩色铅笔和水彩颜料等。只有熟悉它们的性能，在绘制过程中才能运用自如（图8.1）。

图 8.1

一、针管笔

针管笔是绘制效果图的基本工具之一，能绘制出均匀一致的线条。针管笔作为效果图勾线的工具，要求流畅、快速、不断线、不晕染即可（图8.2）。

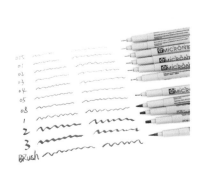  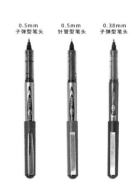

图 8.2

二、马克笔

马克笔分为油性马克笔和水性马克笔。马克笔的绘制过程要求准确快速、运笔连贯、一气呵成，因为马克笔不像水粉和水彩那样可以反复修改。马克笔笔宽比较固定，在绘制大面积的色彩时要注意排笔均匀、用笔概括。马克笔的色彩比较丰富，绘制效果图时以中性色为主，一般选购 48 只左右即可。

1. 水性马克笔

水性马克笔颜色亮丽，具有透明感和较强的表现力。但多次叠加后颜色会变灰，而且容易伤纸，不宜多次修改、叠加，否则会导致色彩浑浊。水性马克笔还可以结合彩铅、水彩等工具使用，能使效果图层次更加丰富（图 8.3）。

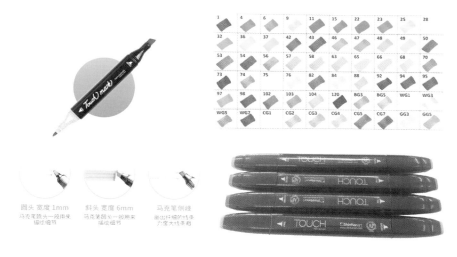

图 8.3

2. 油性马克笔

油性马克笔含有有机化合物，所以色彩不透明，而且纯度较高，具有较强的渗透力，色彩较为稳定，颜色多次叠加也不会伤纸，挥发性能较好，耐水和耐光性优于水性马克笔。油性马克笔在快速运笔时会出现虚实变化，另外油性马克笔有笔头宽度的限制。油性马克笔有三个面，在画大面积色彩时，可利用马克笔笔触渐变和排列来表现笔触变化（图8.4 ）。

三、彩色铅笔

彩色铅笔分为油性彩铅和水溶彩铅，两种类型的彩色铅笔都具有各自的特性。彩色铅笔可以结合马克笔使用。彩色铅笔可以统一整体效果，绘制材质的肌理，表现色彩的过渡与变化，绘制面积较小的部分。彩色铅笔比其他绘图工具更容易掌握，可以使用橡皮修改。彩色铅笔最好使用表面比较粗糙的纸张，这样更利于彩色铅笔上色。彩色铅笔是手绘效果图表现比较理想的工具。

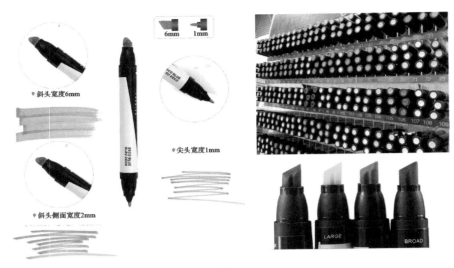

图 8.4

1. 水溶彩铅

水溶彩铅的铅芯可以溶于水，颜色清透，易于上色，附着力较强，只要控制好力度，水溶彩铅的颜色可以画得很深，也可以画得很淡，可以利用水溶彩铅的这种特性进行虚实渐变过渡（图 8.5）。水溶彩铅的使用方法主要有两种，一种是可以用水溶彩铅蘸水直接上色，这样会使色彩的厚度更厚；另一种方法是先用水溶彩铅在水彩纸上绘制好，再用毛笔或刷子蘸水晕染着色，这样可以产生富于变化的色彩效果。

水溶彩铅的多种颜色可以混合使用，进行叠色，也可以在蘸水前进行修改。

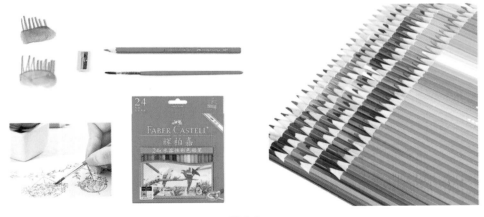

图 8.5

2. 油性彩铅

油性彩铅的铅芯接近于蜡笔，铅芯的质地比较细腻，有光泽，透明度高，颜色相对于水溶彩铅较淡，附着力较差，比较容易掉色，价格相对于水溶彩铅较为便宜，适合初学者练习叠色技巧，可以用橡皮进行擦除。

四、水彩画工具

水彩画是以水为媒介，调和水彩颜料作画的绘画方式（图 8.6）。水彩颜料具有透明性和流动性两种特征，分为干水彩颜料片、湿水彩颜料片、管装膏状水彩颜料、瓶装液体水彩颜料。

图 8.6

水彩画笔一般分为圆头笔、尖头笔、扁头笔和其他特殊形状的笔。扁头笔一般用毛笔，铺大块的色彩时可以用扁头的尼龙笔。扁头笔除了常规的毛笔外，还有一种简便的灌水笔，这种笔可以在湿画法时使用。

水彩纸的吸水性较高，纸张较厚，不易因重复涂抹而破裂、起球。水彩纸的表面大致可以分为粗、中、细三种，主要使用棉、麻纤维纸浆或木纤维纸浆制作。棉质纸适合画细致的主题，木浆纸适合重叠的水彩画技法，因为木浆纸吸水性好。

五、水粉画工具

水粉是一种不透明的水彩颜料，其遮盖力较强（图 8.7）。采用厚画法的技巧绘制效

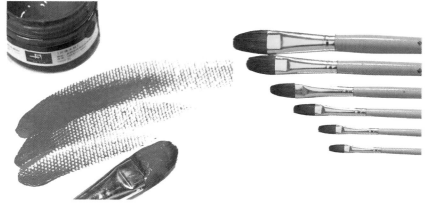

图 8.7

果图，大面积上色时也不会出现颜色不均匀的现象。水粉颜料在叠色绘画时，下面的色彩容易透上来。水粉颜料在湿润的情况下，色彩的纯度较高，干燥后的水粉颜料色彩饱和度会降低，颜色会变得比较灰。

绘制水粉画使用的水粉笔的笔杆多由木材和塑料制成，笔头分为羊毛和化纤材质。羊毛笔多为白色，适合薄画、湿画法。化纤笔头材质较硬，适合干画法和厚画法。

水粉纸是一种专门画水粉画的纸，纸张吸水性好。水粉纸的表面有圆形的坑点，坑点凹下去的一面是正面。水粉纸可以用作干画法，也可以用作湿画法。

六、绘图尺类

常用的绘图尺类如图 8.8 所示。

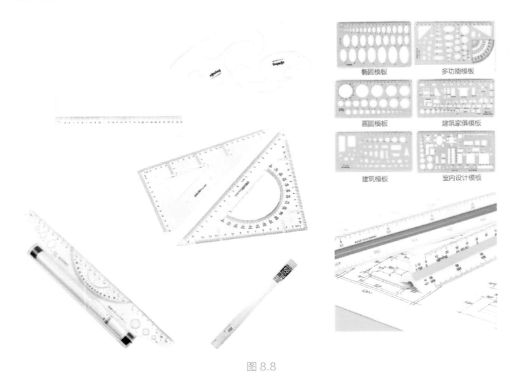

图 8.8

（1）直尺——笔直的尺子用来测量长度，是制图中最常用的尺子。

（2）平行尺——主要用于画平行线，先画一条直线，平尺子带动滚轴转动，移动一定距离即可画出两条平行的线条。

（3）曲线板——一种里外均为曲线边缘的尺子，用来绘制曲率半径不同的曲线。在绘制曲线时，凑取板上与所拟绘曲线某一段相符的边缘，用笔沿该段边缘移动，即可绘出该段曲线。

（4）比例尺——在同样图幅上，比例尺越大，表示的范围越小，图内表示的内容越详细，精度越高；比例尺越小，地图上所表示的范围越大，反映的内容越简略，精确度越低。

裱纸方法

材料：画板、刷子、喷壶、水彩纸和水胶带（图 8.9）。这些材料和工具是裱纸必不可少的。

图 8.9

将准备好的画板均匀地刷上水，水彩纸用喷壶喷湿，再用刷子将水刷均匀。让水彩纸充分吸收水分，将水浸透整张纸。

将水彩纸铺到画板上的时候，要慢慢地铺，尽量让画板和水彩纸之间没有气泡，有气泡的话，就使用刷子蘸水刷一刷，将气泡排出（图 8.10）。从水胶带上撕下比水彩纸长的水胶带，直接贴在水彩纸和画板的交界处，然后在水胶带上刷上一层水，尽量贴平整。

使用水胶带将水彩纸的四边都贴好，胶带最好长一些，延伸到画布的背后。贴好胶带后，用干净的纸张将四周水胶带上的水擦干，尽量让四边的胶带提前干，中间后干，等待纸张完全晾干，裱纸就完成了。

图 8.10

小贴士

第二节 手绘效果图绘制技巧

一、线条的绘制

线是效果图中情感的表达，也是设计思维的图像化（图 8.11）。线条的练习是学习手绘表达的基础性练习。绘制准确、工整、快速的线条是每个初学者应该掌握的技能。线条依靠一定的组织排列，通过长短、疏密、粗细、曲直等来表现。

画线包括尺画和徒手画两种方法。用尺画线比较规范，但是画出的线条比较呆板、生硬。徒手画线有着丰富的表现力，它可以画出线条的粗细、曲直、疏密等（图 8.12）。徒手绘制直线时要有起笔、运笔、收笔，要有快慢、轻重的变化。

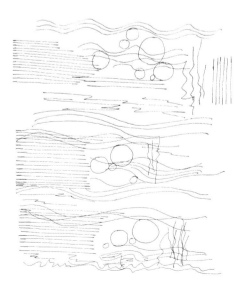

图 8.11

在绘制线条时要连贯，切勿犹豫和停顿。切忌来回重复绘制一条线。

如果出现断线，要间隔一定距离后继续表达，不要在原基础上重复起步。线要根据透视规律或平行与垂直规律表达。画交叉线时，线与线应该相交，并且延长。曲线柔中带刚，富有弹性、张力，可用于表现植物、布艺和花艺。

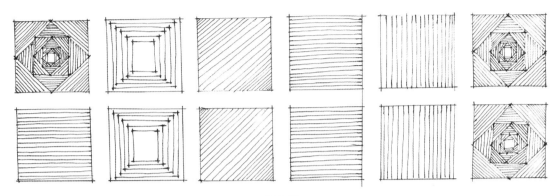

图 8.12

线的绘制方法

手绘效果图常用的线条如图 8.13 所示。

（1）齿轮线，绘制比较随意，用笔灵活多变，线条走向蜿蜒曲折，具有不规则的形状。绘制齿轮线时不要求快，更不能按固定模式反复。

（2）水花线，用笔较为灵活，以曲线形式为基础，是自由曲线和流线的形式。

（3）稻垛线，由多组排列的短线交错叠加，多用于植物或织物的表现。

（4）锯齿线，绘制时要求速度快和平稳、长短不一，讲究自由进退效果，整体保持统一。

（5）波浪线，强调轻重缓急，线条效果较为均匀。

（6）弹簧线，绘制随意性很大，多用于快速设计表现技法。

（7）爆炸线，绘制类似锯齿线，整体轮廓是放射性的，尽量不要出现重叠。

（8）骨牌线，由多条短线排列组成，具有一定的排列顺序，排列方式具有一定的疏密变化。

小贴士

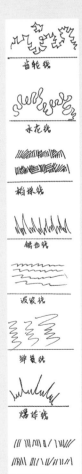

图 8.13

二、透视的运用

绘制手绘效果图时透视非常重要，只有透视准确，效果图才能正确反映空间中物体的位置关系，严谨的透视运用是设计表现中最基本的保证。透视其实就是近大远小、近高远低、近实远虚的透视关系。透视图可以直观地反映出室内设计，让人更容易理解。

1. 一点透视

物体的一个面平行于画面，其他的面垂直于画面，斜线消失在一个灭点上所形成的透视称为一点透视（图 8.14）。一点透视适合表现有纵深感的空间。

使用一点透视绘制的手绘效果图应考虑构图整体与局部的统一关系。构图对空间的表现效果很重要，太小显得拘谨，太偏则失衡，太大又显得拥挤（图 8.15）。只有通过理想的透视点才能完美地展现空间效果（图 8.16）。将空间的中心点放在效果图的中心，视角选择利于表现空间优势的视觉角度，视平线一般定在 1.2 ～ 1.8m。

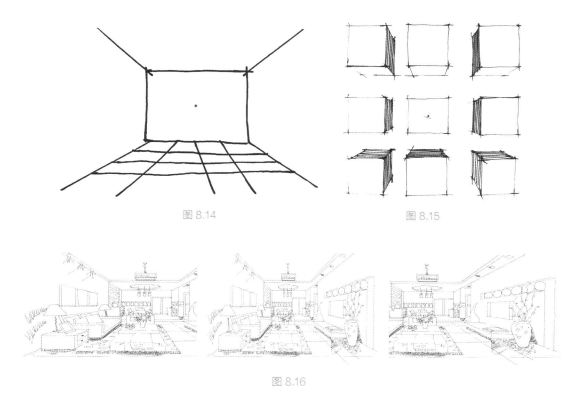

图 8.14　　　　　　　　　　　图 8.15

图 8.16

2. 两点透视

物体只有垂直线平行于画面，水平线倾斜形成两个灭点时形成的透视，称为两点透视（图 8.17）。两点透视比一点透视绘制难度大，但是效果比较生动、活泼。两点透视的透视点如果选择不好，效果图容易产生变形，应尽量把灭点定得远一点，透视角度会相对减小，透视点也可以定到图纸外。

图 8.17

三、手绘单体表现

1. 几何单体

手绘几何单体表现如图 8.18 所示。

2. 软装饰单体

手绘软装饰单体表现如图 8.19 所示。

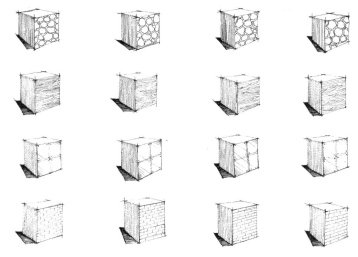

图 8.18

图 8.19

四、手绘效果图的表现技法

1. 色彩的基本原理

色彩在手绘效果图表现技法中的地位相当重要，手绘效果图中的空间环境色调、物质材料、色泽、质感等，都要通过色彩来表现，塑造具有真实感受的环境空间。有光才能形成色彩，物体颜色的形成是因为物体对光的吸收。色彩三要素为色相、明度、纯度。

2. 手绘效果图的表现技法分类

（1）按表现工具和材料分类，手绘效果图的表现技法分为水粉表现技法、水彩表现技法、透明水色表现技法、彩铅表现技法、马克笔表现技法、喷笔表现技法、色粉表现技法等。

（2）按表现方法和程度分类，手绘效果图的表现技法分为针管笔淡彩表现技法、综合表现技法、底色高光表现技法、超写实表现技法、质感表现技法、快速设计表现技法等。

3. 手绘效果图的表现技法介绍

（1）马克笔表现技法。

马克笔表现技法的具体运用，最讲究的就是马克笔的笔触，它的运笔一般分为点笔、线笔、排笔、叠笔等（图8.20）。马克笔的笔触对比是对物体的立面进行着色，进行笔触的变化。马克笔笔触对比包括面积的对比、粗细的对比、曲直的对比、长短的对比、疏密的对比等。

①点笔——多用于一组笔触运用后的点睛之处。

②线笔——可分为曲直、粗细、长短等变化。

③排笔——指重复用笔的排列，多用于大面积色彩的平铺。

④叠笔——马克笔笔触的叠加，体现色彩的层次与变化。

对比是手绘效果图表现中最常用的笔触表现方法。

图 8.20

画物体的亮面色彩时，先选择同类颜色中稍浅些的颜色，在物体受光边缘处留白，然后再用同类稍微重一点的色彩叠加在浅色上，这样便在物体同一受光面上表现出三个层次了。用笔在一个方向基本成平行排列状态，物体背光处用稍有对比的同类重颜色，物体投影明暗交界处，可用同类重色叠加，重复数笔。画面中不可能不用纯色，但要慎重。当画面结构形象复杂时，投影关系也随之复杂，此种情况下纯色要尽量少用，面积不要过大，色相不要多于4种，用尽可能少的颜色画出丰富的感觉。

马克笔作图步骤如下（图8.21）。

①草图策划阶段——构思阶段、草稿阶段、线稿阶段。

②正稿绘制阶段——线稿阶段、着色阶段。

③画面调整阶段——深入刻画、色彩调和、空间层次处理。

④收尾处理阶段——勾勒处理、高光处理。

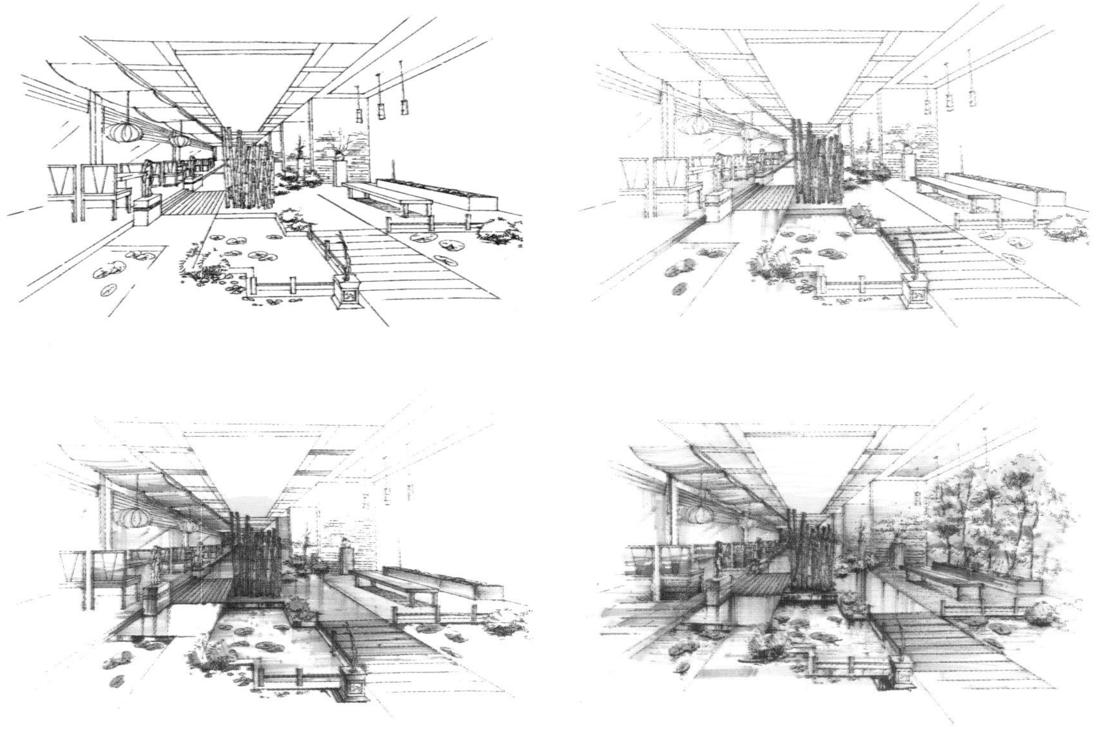

图 8.21

（2）水彩表现技法。

水彩因其半覆盖的特性会对针笔墨线稿造成部分影响，所以用水彩进行着色时，底稿一般只用针笔画出画面中物体的轮廓线与结构线，不宜作太多、太深入的刻画和塑造物体的体积感与空间感，可利用水彩自身的冷暖、深浅及浓淡，在施色中逐步完成（图8.22）。

水彩是由水进行调和来控制色彩的饱和程度的。着色的方法也是由浅至深、由淡至浓，逐渐加重，分层次一遍遍叠加完成的。由于水彩颜色的渗透力强、覆盖力弱，所以

小贴士

马克笔技法的要点

①用笔要随形体走，方可表现形体结构感。

②用笔、用色要概括，应注意笔触之间的排列和秩序，以体现笔触本身的美感。

③不要把形体画得太满，要敢于留白。

④用色不能杂乱，用较少的颜色画出丰富的感觉。

⑤画面不能太灰，要有阴暗和虚实的对比关系。

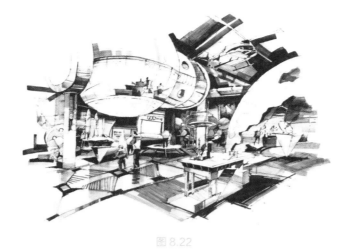

图 8.22

颜色的叠加次数不宜过多，一般两遍，最多三遍。同时，混搭色彩的种类也不能太复杂，以防止画面污浊。

水彩表现的一般规律如下。

具体着色时，画面浅色区域画法一般为高光处留白，用加水量的多少控制颜色的浓度。浅色区域色彩加水量比较多，浓度较淡，用自身明度高的颜色画浅色，这样既可使浅色区域色调统一在明亮的色调中，又可以有丰富的色彩变化和清澈透明感。深色区域画法一般用三种以下的颜色叠加暗部；选用自身色相较重的色彩画暗部；加大颜色的浓度，降低水在颜色中的含量。中间区域的色调尽可能选用一些色彩饱和度较高的颜色，即固有色。色彩的具体运用还是要根据实际作图要求来决定。

（3）彩铅表现技法。

彩铅在作画时，使用方法同普通素描铅笔一样，但彩铅多用于色彩的叠加。在针管笔线稿的基础上，直接用彩铅上色，着色的规律是由浅渐深，用笔要有轻重缓急的变化。与以水为溶剂的颜料相结合时，可利用彩铅的覆盖特性，在已渲染的底稿上对所要表现的内容进行更加深入、细致的刻画。由于彩铅运用简便，表现快捷，可作为绘制色彩草图的首选工具。

（4）水粉表现技法。

水粉画使用水粉与白粉色的多少，关系到体现表现技法和水粉画特色的问题。水彩画利用水粉来调节色彩的厚薄，从而产生明度变化，并利用水色的干湿来表达效果图。一般说来，在用色的厚薄方面，以厚画为主，方能获得较好的水粉画效果。水粉的厚画法：调色盒中的颜料量要多，必须保持湿润，在调色或画到纸面上去时，十分饱满，运笔也能随意自如；但是如果画得过厚，会产生色层龟裂剥落的现象。水粉的薄画法：薄画法由于水多色薄，粉质因素和遮盖力会减弱，就不能充分发挥，水粉画的艺术特性，所以薄画法常常只应用在局部或画第一次色。一些初学水粉画的初学者，经常会出现技巧方面的弊病，可归纳为以下几类：

①只着眼于局部，专用小笔画细节而失去大体；

②只用一种笔法描绘不同形体与质地的物体，缺乏笔法变化，效果单调，失去生动感；

③用笔不能紧密结合形体结构，形体塑造缺乏严谨、厚重感；

④用笔烦琐，笔调无轻重缓急的节奏感；

⑤笔法软弱无力，无强弱虚实的变化，使画面失去神采。

第三节　优秀效果图案例

一幅成功的手绘效果图首先取决于成功的构思，其次是丰富的设计构思及精神品位。绘制效果图前应认真研究空间尺度，选择适当的形式表现出来（图 8.23～图 8.30）。

图 8.23

图 8.24

图 8.25

图 8.26

图 8.27

图 8.28

图 8.29

图 8.30

本 / 章 / 小 / 结

　　本章主要讲述了室内效果图的手绘表达方法，手绘效果图取决于设计师的构思和巧妙的绘制手法。绘制效果图前应认真研究空间尺度，选择适当的手法表现设计效果。本章还介绍了手绘效果图的使用工具、绘制方法以及技巧。

思考与练习

1. 了解室内设计手绘效果图使用的工具。

2. 简述室内设计手绘效果图的绘制技巧。

附录
室内设计案例

第一节　居住空间设计案例

第二节　办公空间设计案例

一层台地，是整个办公区域的核心部分，设计者希望通过抬升的形式在开敞的建筑空间里巧妙地暗示空间功能划分，从而不破坏空间整体性。

架空区域是本次设计的一个亮点，通过分层处理，原本的空间被处理为上下两层，上下层可以同时满足不同的使用功能。下层主要满足交通功能，上层作为空中回廊，放置有书架和独立座椅，增添使用功能的同时，将A、B工作区和休息区相连接。

独立座椅　　　　挂墙书柜

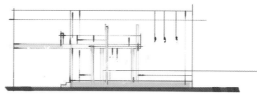
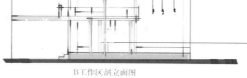

B工作区效果图

该区域设置半透明小型会议室，会议室上方与二层架空回廊相连接，设置休闲座椅，做到空间利用的最大化。

B工作区剖立面图　　　　　　装配式家具

休息区效果图

A区休息区位于工作区的左前方，设计师有意将其进行架空处理，使得原本一层的空间变为夹层空间，在夹层下方又设置一处休息区，并铺设仿草坪地毯，柔化空间氛围。

接待区效果图

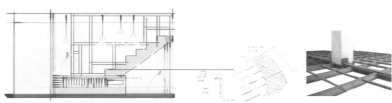

休息区剖立面图　　　　　　钢木结构

接待区可移动座位图

开放·共生

几何元素在现代办公空间室内设计中的应用

关键词：几何元素、室内设计、开放、办公空间

方案构思

将平面解放，打开视野。

 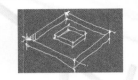 

方案与设计

把几何元素特点运用在平面布置上，迎合建筑原本外型，将阳角处理成圆弧形状，更加符合人体工程学，让空间变得柔和。

工作、休闲分区图

主要流线分析图

A工作区效果图

A工作区是该建筑事务所的主要工作区之一，选择橙色为主体色调，加以绿、蓝相点缀，在该区域运用六边形橙色地胶间接区分空间中不同区域的使用功能，在墙面和玻璃隔断上都有趣味导示标识。

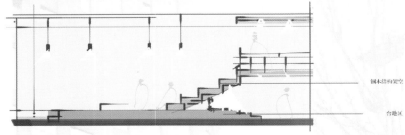

A工作区剖立面图

设计思考

本次设计充分抓住现代办公空间的特点，开放、共享、多功能，将空间室内环境打造成符合现代都市工作的舒适环境，目的是解放人们的上班时间，尽可能地创造一个低压环境，通过多种形式的空间组合创造办公空间的趣味性，从而激发员工的创造性。同时为了迎合不同员工的工作习惯和性格特征，在空间中设置了许多公共的趣味工作空间，也设计了许多较为私密的个人空间。在材料的选择上尽可能地节约成本，同时采用木质和钢架结构，搭配色彩鲜明的软装家具，使空间氛围变得柔和。

材料选型

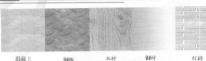

混凝土　钢板　木材　钢材　红砖

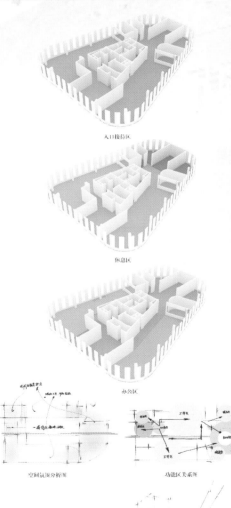

入口接待区

休息区

办公区

空间氛围分析图　　　功能区关系图

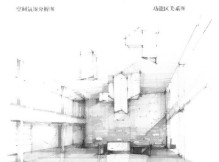

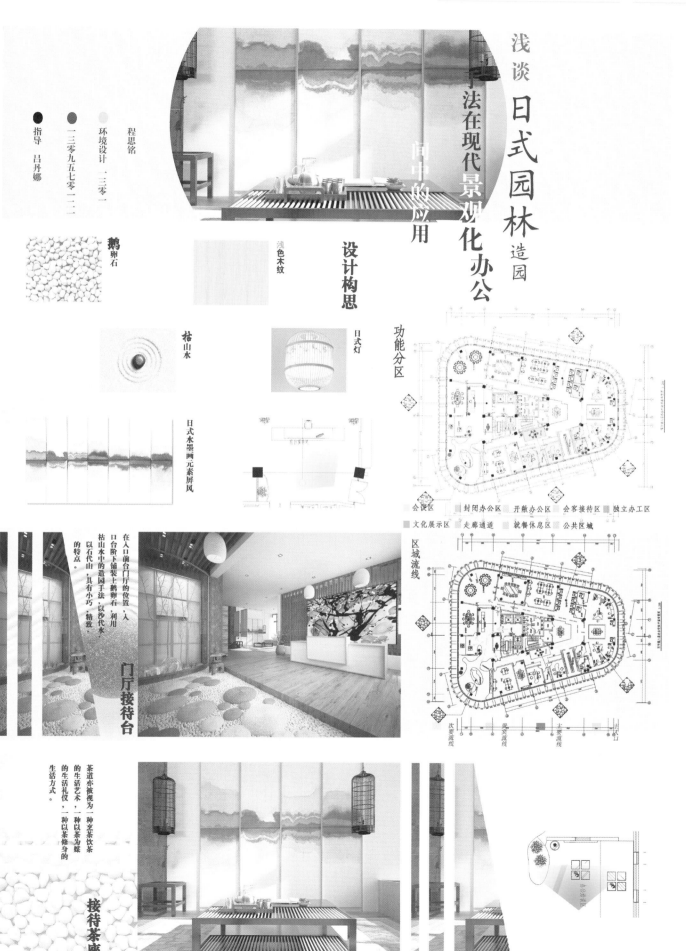

浅谈 日式园林造园手法在现代景观化办公间中的应用

设计构思

程思铭

环境设计 一三零一

一三零九五七零一二二

指导 吕丹娜

鹅卵石

浅色木纹

枯山水

日式灯

日式水墨画元素屏风

功能分区

会谈区　封闭办公区　开敞办公区　会客接待区　独立办工区

文化展示区　走廊通道　就餐休息区　公共区域

区域流线

次要流线　提宾流线　主要流线

门厅接待台

在入口前台门厅的位置，入口台阶下铺装上鹅卵石，利用枯山水中的造园手法，以沙代水，以石代山，具有小巧、精致的特点。

接待茶座

茶道亦被视为一种奉茶饮茶的生活艺术，一种以茶为媒的生活礼仪，一种以茶修身的生活方式。

中心设计了一张模拟石块造型的展示台，用来象征中心的石堆，在平地上追求深山幽谷之玲珑，海岸岛屿之渺漫的效果，效果做得明亮、简单、不黏稠。

文化

洽谈区植入日式全茶道茶艺的元素，设置榻榻米并设置茶案。茶道亦被视为一种烹茶饮茶的生活艺术，一种以茶为媒的生活礼仪，一种以茶修身的生活方式。

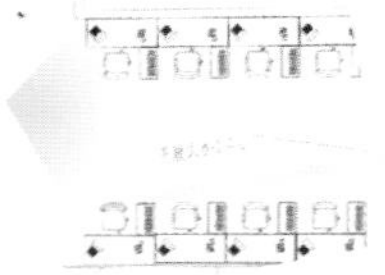

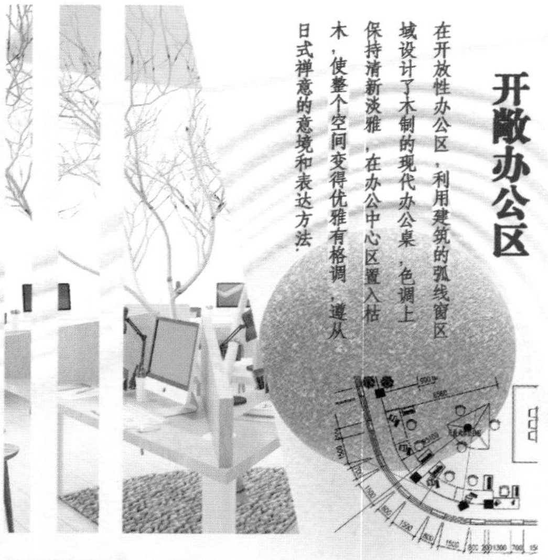

走廊洽谈区

在开放性办公区，利用建筑的弧线窗区域，设计了木制的现代办公桌，色调上保持清新淡雅。在办公中心区置入枯木，使整个空间变得优雅有格调，遵从日式禅意的意境和表达方法。

开敞办公区

几何形态

在现代办公空间设计中的应用

Geometry In the application of modern office space design

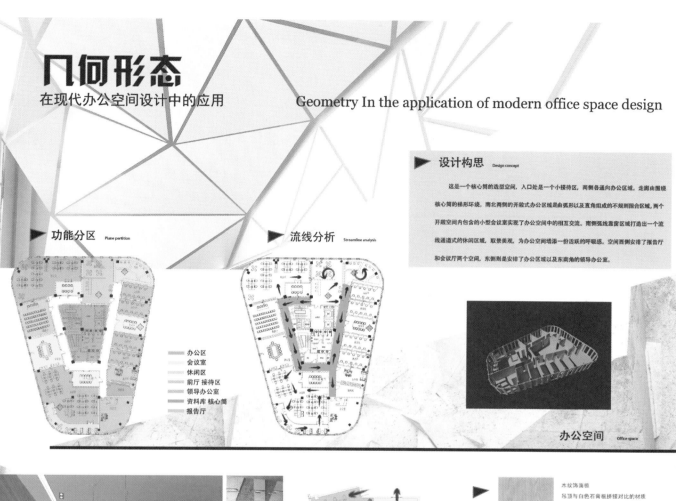

▶ 设计构思　Design concept

这是一个核心筒的造型空间，入口处是一个小接待区，两侧各通向办公区域。走廊由围绕核心筒的梯形环绕。南北两侧的开敞式办公区域是由弧形以及直角组成的不规则围合区域，两个开敞空间内包含的小型会议室实现了办公空间中的相互交流。南侧弧线靠窗区域打造出一个流线通道式的休闲区域，取景美观，为办公空间增添一份活跃的呼吸感。空间西侧安排了报告厅和会议厅两个空间，东侧则是安排了办公区域以及东南角的领导办公室。

▶ 功能分区　Plane partition

▶ 流线分析　Streamline analysis

办公区
会议室
休闲区
前厅 接待区
领导办公室
资料库 核心筒
报告厅

办公空间　Office space

119

木纹饰面板
吊顶与白色石膏板拼接对比的材质

木纹饰面板
地面与大理石瓷砖拼接对比的木材质

理石饰面板
墙饰面的几何造型

3D立体墙纸
墙饰面与大理石饰面板相对比拼接的材质

▶ 设计构思　Design concept

开敞办公区采用了拼接的手法，在材质、色调以及灯光上进行了分割拼接，给人以强烈冲击。天花用石膏板和木纹饰面板进行区分，墙面依然运用几何造型，材质分别运用了大理石饰面板、木纹饰面板、3D立体墙纸、双层钢化玻璃进行造型分割。地面迎合天花，以同样的造型方法，将瓷砖和木地板分隔开，同时也划分了区域。

开敞办公区　Open office area

会议室地毯
深色色块拼接地毯

会议室墙纸
浅灰色色块拼接墙纸

吊灯
长条形吊灯

吊顶与墙面衔接
的艺术造型，内嵌虚光灯带

会议室整体空间多用了灰调，天花与墙体的衔接运用了不规则形态，通过深棕色木质饰面板内嵌虚光灯带将空间连为一个整体。地面采用相同色调的几何色块拼接式地板，墙面则是利用亮灰色几何色块拼接墙绘，提高空间的整体亮度，让空间生动起来。

▶ 设计构思　Design concept

会议室　The meeting room

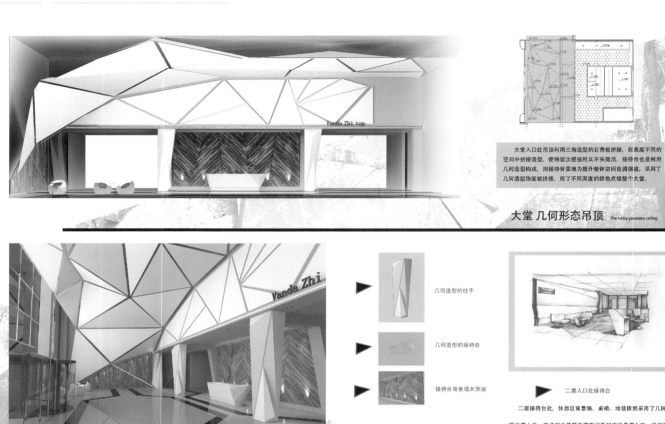

Vanda Zhi top

大堂入口处吊顶利用三角造型的石膏板拼接，在高度不同的空间中拼接造型，使得层次感强烈又不失简洁。接待台也是利用几何造型构成，而接待背景墙为提升整体空间色调饱度，采用了几何造型饰面板拼接，用了不同深度的棕色点缀整个大堂。

大堂 几何形态吊顶 The lobby geometry ceiling

Vanda Zhi

几何造型的柱子

几何造型的接待台

接待台背景墙木饰面

二层入口处接待台

二层接待台处，休息区背景墙、桌椅、地毯依然采用了几何现代感十足，柱子的木质颜色使空间看起来不是那么灰，吊顶则用了铝扣板集成吊顶，通向走廊。

大堂 The lobby

一层前厅的大堂主用了灰色调，对于吊顶的造型装饰着重使用了三角形态拼接的方式。高低错落的三角形石膏板让空间感加强。几何形态造型的柱子，配合灰色木纹装饰面板。瓷砖地面有黑色装饰线条让地面颜色变得深沉，也使得空间科技感增强。

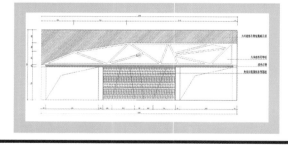

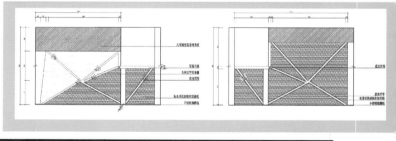

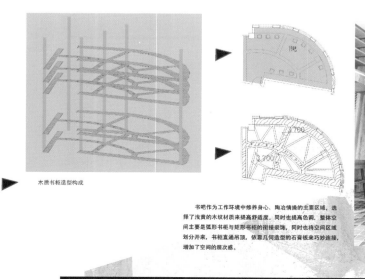

木质书柜造型构成

书吧作为工作环境中修养身心、陶冶情操的主要区域，选择了浅黄的木纹材质来提高舒适度，同时也提高色调，整体空间主要是弧形书柜与矩形书柜的衔接装饰，同时也将空间区域划分开来，书柜直通吊顶，依靠几何造型的石膏板来巧妙连接，增加了空间的层次感。

书吧 Book

隐于钢筋混凝土城市中的空中花园

整体的办公空间的设计主要体现一种自由舒适的感觉。在颜色的设计上，以现代风的灰度作主色调，再加以原木色作为衬托，绿植进行点缀，使整个空间呈现出冷色调。

选择办公空间作为研究的对象，是因为随着我国现代科技的迅速发展，在新理念、新技术、新材料的影响下，办公活动的外延再次得到扩张，办公环境向着更健康、更人性化的方向发展。

设计理念

首先以生态发展为依据，发挥"绿"的效益。其次是自然性、科学性、艺术性相结合的原则。理念是以人为本，充满生活气息，用科学的、艺术的手法将各种矛盾融合统一在空间中，形成最理想的办公环境。

功能分区　　流线分析　　平面图　　天花图

近几年提出的生态建筑及生态城市的建设理论，就是以自然生态原则为依据，探索人、建筑、自然三者之间的关系，为人类塑造一个最为舒适、合理且可持续发展的环境理论。

蜂巢型　　密室型　　小组型　　俱乐部型

门厅效果图

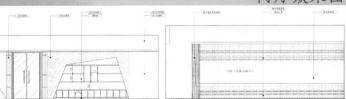

办公空间现如今可以说已经成为城市生活必不可少的部分，办公活动空间再次得到扩张，受新理念、新技术、新材料的影响，空间环境向着更舒适、更智能、更人性化的方向发展。

 元素..1

 元素..2

 元素..3

 元素..4

■ 概念树分析

■ 别致小景

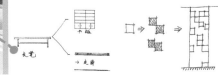

设计特点

在布局上，办公室大多以开敞办公为主，打破传统的休闲区域划分，让休闲区域分布在办公区之中。例如，两个部门之间可以形成小景观区，里面可以摆放复印机、饮水机等，再添上小沙发就更加惬意。这样一来休闲区域形成了，也可以增加两个部门的见面机会，增加默契程度。

● 要符合绿色办公环境的设计要求，需要从办公环境的高效节能和资源利用方面着手，更要保证绿色环保需求、办公功能需求及人的生理与心理需求之间的平衡。

● 办公空间的光照设计具有其自身的整体性，并且色彩对于表达室内的氛围同样起着举重的作用，室内绿化是办公空间不可缺少的组成部分。

■ 视频会议室

● 对于办公空间陈设品的选择和布置，主要是要处理好整体与局部之间的关系，即办公空间、陈设、家具三者之间的关系。美国的绿色办公室的楼体与普通写字楼并无区别，但墙壁是麦秸秆经过高科技加工而成的，结构坚固，地板是由废玻璃制成的，办公桌是由废报纸和豆渣制成。最具有特色的是墙外围绕爬山虎等多种蔓生植物。

总裁办公室

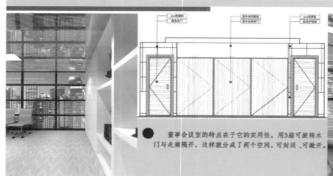

董事会议室的特点在于它的实用性，用3扇可旋转木门与走廊隔开，这样就分成了两个空间，可封闭、可敞开。

■ 会议室窗景

■ 董事会议室

旋转门

固定件

轴承

第三节　餐饮空间设计案例

艺术餐厅 THE ART RESTAURANT

基于"装置艺术"的商业建筑与空间的氛围营造及综合社会价值的探索

入口前厅效果图 Entrance hall rendering

思路分析 DESIGN IDEA

1. 以装置艺术为设计线，并将插画、雕塑等融入空间。

2. 营造一种浓稠舒缓且艺术气息浓厚的用餐氛围。

3. 让材质肌理提升空间的美感，如同看得到听得到的东西。

设计说明 DESIGN DESCRIPTION

方案构思 PROJECT BRAINSTORM

1. 建筑一层为原始结构，建筑占地面积约1500平方米。

2. 建筑二层为原始结构，建筑面积约3000平方米。

3. 建筑一层平面布置多为开敞式结构，通透宽适。

6. 建筑二层运用隔墙保证真室的私密性，流线清晰。

5. 建筑一层多以丰富通透隔断为主，流线自由流畅。

4. 建筑二层平面布置多适用隔墙保证空间的私密性。

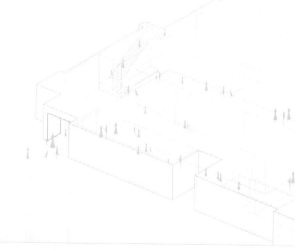

位置概况 SITE LOCATION

北京草场地艺术街区

入口前厅效果图 Entrance hall rendering

楼梯前厅效果图 Staircase front hall rendering

一层平面布置图 1 FLOOR PLAN

二层平面布置图 2 FLOOR PLAN

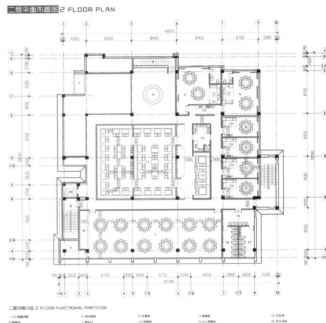

一层功能分区 1 FLOOR FUNCTIONAL PARTITION

二层功能分区 2 FLOOR FUNCTIONAL PARTITION

接待区域效果图 Reception area rendering

艺术餐厅空间设计
THE ART RESTAURANT INTERIOR DESIGN

休景区顶视图 Rest area top view

REST AREA GUIDE VIEW 休息区导视

休景区效果图 Rest area rendering

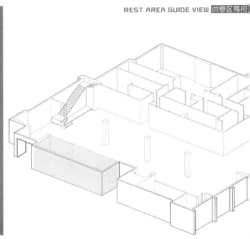

就餐区导视图 DINING AREA GUIDE VIEW

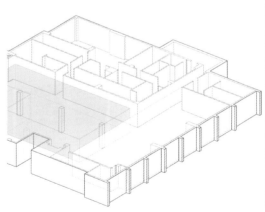

就餐区效果图 Dining area rendering

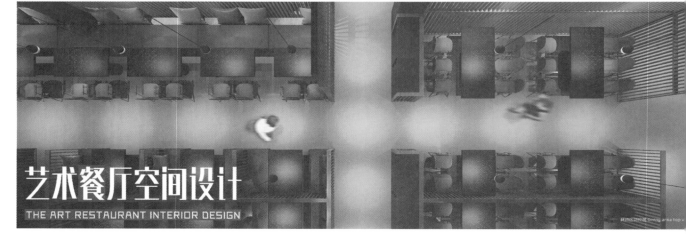

艺术餐厅空间设计
THE ART RESTAURANT INTERIOR DESIGN

包房中采用做旧的丝质壁布、天然的木饰面，突出了它的沉稳内敛，在打造平和又不失质感的整体氛围的同时，又突出了白色石膏板塑造水纹造型，圆形画框置其一旁，装饰枯木点缀其间，香炉烟雾氤氲飘散，一副静谧悠然、饱含禅意的山水云月画卷忽现其上。包房强化了私密、温馨的用餐氛围。反映了丰富的禅意思想，与沉静的色调一起，营造了一个宁静、温馨的用餐环境。

包房设计 ↑ ↓

禅意风格
在新中式餐饮空间中的应用

设计意向：

自		山
然		水
元		云
素		月

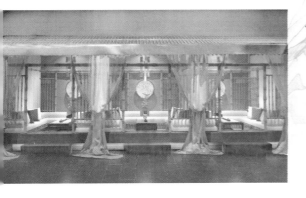

← 二楼茶室

二楼茶室空间以抬高方式划分区域，浅色竹柱打造如四柱床的连续结构，厚重的布帘有效隔断空间，竹隔断与半透的纱帘在空间中存在模糊性，是一个隔而不断的连续空间。茶台、通透的空间，古朴清雅的观品，整家店用几张小茶桌、几块柔软靠枕以及围着茶台而置的竹编椅，没有半分喧嚣和虚华，传递出淡淡的、自然而又原始的气息。而人们在餐饮谈天之余，更可以欣赏此处的美感。

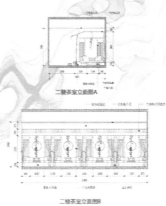

二楼茶室立面图A

二楼茶室立面图B

山水禅思

——禅意风格在新中式餐饮空间中的应用

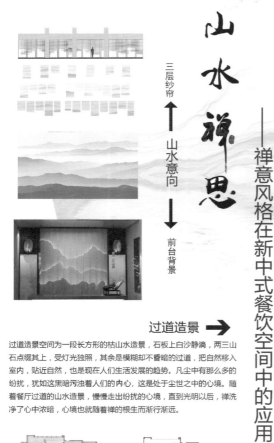

三层纱帘

↑

山水意向

↓

前台背景

前台大厅、等候区

门厅的平面设计上主要以遵循其基本功能为主，门厅空间以通透的视觉感受为主，总收银台设在了入口正前方，入口左侧靠窗设计了等候区。右侧设计主要餐饮空间入口，一定程度将就餐空间分隔出去，天花上挑空，天花上方吊挂禅意的竹构建吊顶，打造禅意的氛围。

界面处理上，靠窗设计了半透的、重叠的山水云雾挂帘，每一个挂帘的高低变化犹如云雾的自然变幻，给人置身山间云雾之感，如梦似幻。

盆景后吊下的昏黄圆灯笼若隐若现，"圆"正像佛家的处世态度，通融、自开自合，吊挂的圆灯笼如圆月，藏匿于树影后，以不刺眼的光芒给他人最佳的相处体验，用无声息的语境阐释当代东方禅与艺术的内核。

此设计整体以仿古石材、木料、竹结构等自然材料为主材，结合白色拉丝壁布来运用，使其具有素、雅、静的自然气息。该材料是表现另一个设计理念的方法，其与设计理念的协调一致是不可或缺的。

棋座

过道靠墙铺设棋座，木地板抬高空间，墙上置画与炉，沉稳而安静，两旁是婆娑的竹影，在灯光下呈唤醒每一位顾客的随性自如，顺着四溢的香烟袅袅此间浓浓的禅意像是空气，如影随形。

↓

过道造景 →

过道造景空间为一段长方形的枯山水造景，石板上白沙静淌，两三山石点缀其上，受灯光独照，其余是模糊却不昏暗的过道，把自然移入室内，贴近自然，也是现在人们生活发展的趋势。凡尘中有那么多的纷扰，犹如这黑暗污浊着人们的内心，这是处于尘世之中的心境。随着餐厅过道的山水造景，慢慢走出纷扰的心境，直到光明以后，禅洗净了心中浓暗，心境也就随着禅的根生而渐行渐远。

一层功能分区　　　二层功能分区

第四节 展示空间设计案例

大院
商业空间室内设计

本方案是围绕极简主义为主题，定位于具有一定审美品味的中产阶级人群的商业空间。不同于以往的商业空间，摒弃了传统意义上商场应该具有的富丽堂皇、流线明确的特点，该设计围绕极简主义的特点，以简洁明快的设计语言把该商场打造成具有一定艺术氛围的购物街区，以"大院"命名该商场，更体现了在设计中强调的院落性、开放性的街区形式，并通过设计拉近与消费者的距离，增强亲切感，在购物的同时增强消费体验。在材料的选择上更多地运用了混凝土、木纹饰面等不多修饰的材料，增强商场自然感，更为凸显商场设计里的简洁自然、追求本真的特点。并且在装饰上用到了日常生活中常见的椅子等物件作为装饰材料，增强趣味性。

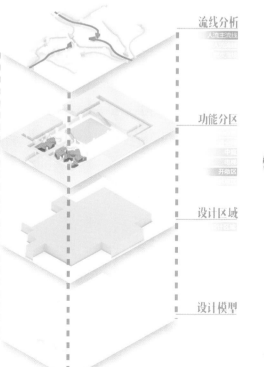

流线分析
人流主流线

功能分区

开敞区

设计区域

设计模型

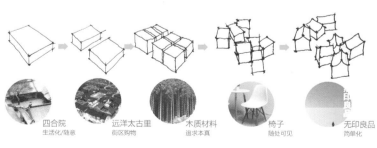

四合院
生活化/随意

远洋太古里
街区购物

木质材料
追求本真

椅子
随处可见

无印良品
简单化

中庭
整体性
通透性

   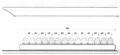

开敞区展示空间
开敞区

休息区

独立商铺

大院
商业空间室内设计

"注入与激活"
大连东关街博物馆改造设计
"INJECTION AND ACTIVATION"
DALIAN DONGGUANJIE MUSEUM DESIGN

中国近代建筑的时间主线是在鸦片战争后到1949年的新中国成立,是中国建筑史中急剧变化的重要阶段,这一时期的建筑主要建于近代中国半殖民地时期,因此建筑中也势必包涵着深刻的历史文化意义。大量的建筑遗产作为历史发展轨迹和见证,面临拆除和保护的选择。近些年国内的建筑由于正处于转折期,对中西建筑文化的碰撞尤为明显,由于遗留建筑的特殊魅力,对它们的研究更多的是集中在文化价值以及历史价值之上,空间价值却少有研究。这种近现代遗留的建筑是人们心中的一种传承,它体现了不同地区、不同民族甚至不同肤色的传统,具有非常鲜明的可辨识性,表达出了这个城市深厚的文化底蕴。它是历史的载体,是半殖民社会时期的重要建筑类型,它记录了时代的变迁,是人们在城市化进程中对原有文化传统与特征的渴望与努力。因此近现代遗存建筑作为见证一段历史的建筑需要其延续与再生。本文以大连东关街博物馆为例,分析近代遗留建筑的历史和现状,揭示存在的问题和隐患,评估保护和更新的必要性和可行性,探索保护和更新方法策略。以个案研究反映共性问题,辐射同类地段内的大连近代历史建筑,寻求近现代遗存建筑的延续和再生问题的合理对策。

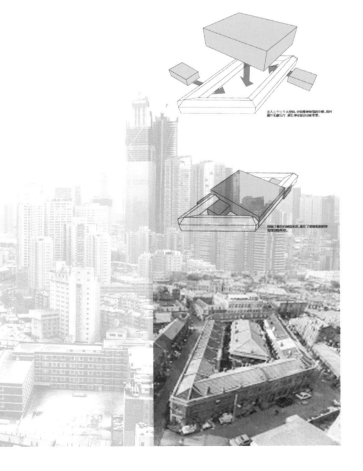

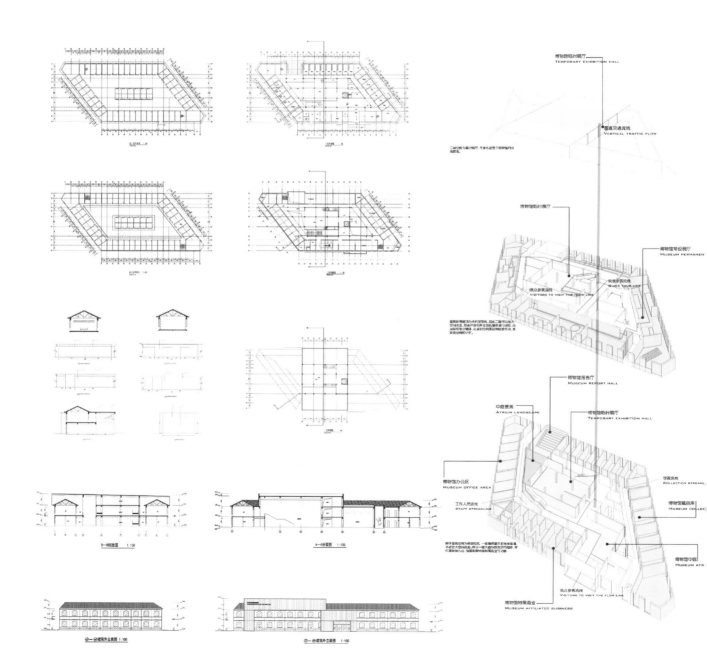

1905

整个室内设计在寻找过去与现在的对话，通过室内设计手法激活不同年代的文化内涵，找到空间原有的声音，在注入的新的体量中将老建筑的构建重新回到现有空间里，正是想去保护这部分的记忆，并且加强它。原本残破的墙体也没有被遗弃，而是在新的空间里扮演着新的角色，随着整个展厅从 1905 到 2025，从历史到对未来的展望，整个展厅的明度也随之不断提高。

2025

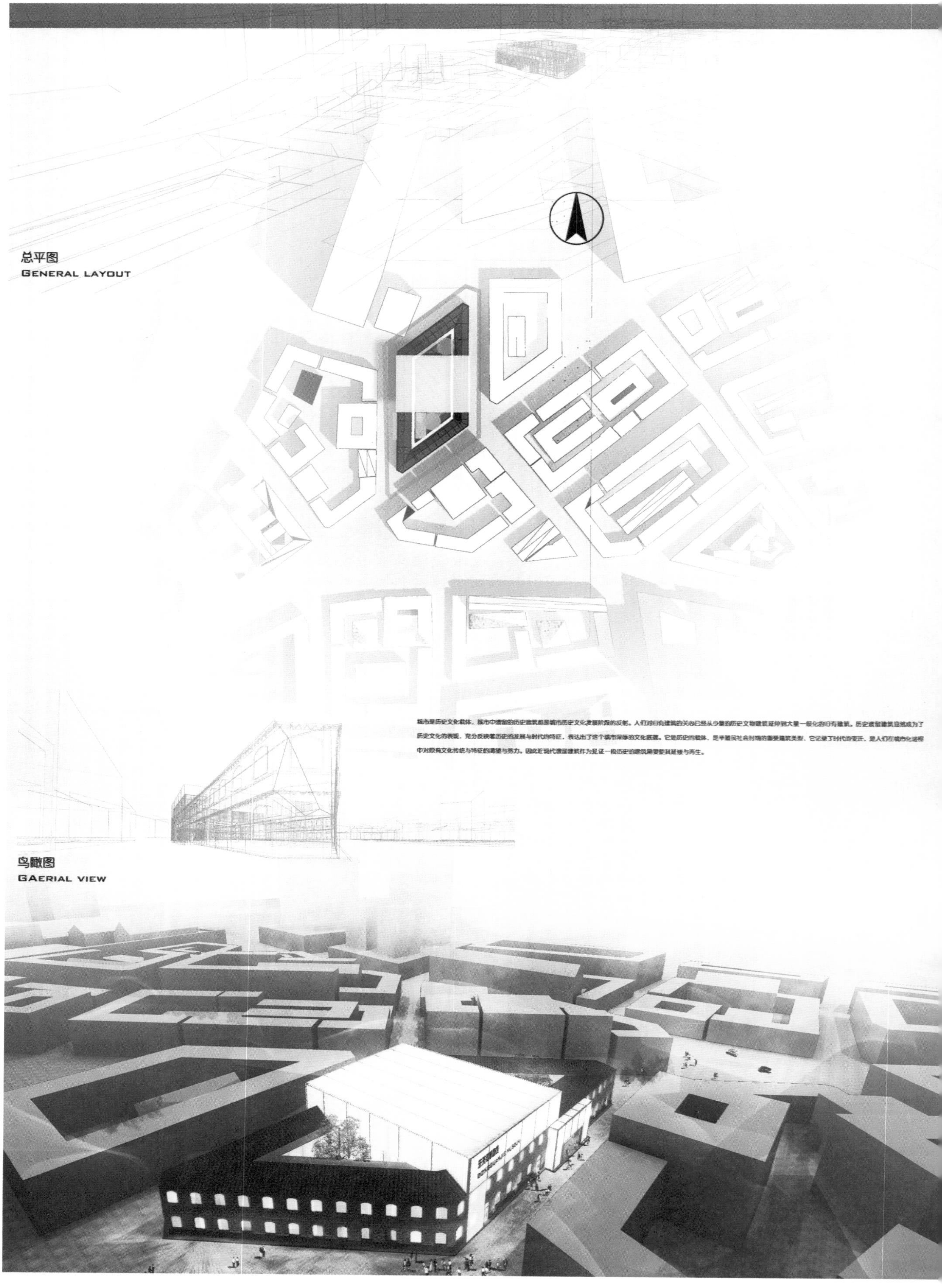

总平图
GENERAL LAYOUT

城市是历史文化载体，城市中遗留的历史建筑都是城市历史文化发展阶段的反映。人们对于历史建筑的关心已易从少量的历史文物建筑延伸到大量一般化的旧有建筑。历史遗留建筑因然成为了历史文化的再现、充分反映着历史的发展与时代的特征，表达出了该个城市所孕育的文化底蕴。它是历史的载体，是半凝反社会时期的面要建筑类型，它记录了时代的变迁，是人们为城市文化进程中对原有文化传统与特征的需要与努力。构成近现代遗留建筑作为见证一段历史遗留建筑需要延其延续与再生。

鸟瞰图
GAERIAL VIEW

第五节　洗浴空间设计案例

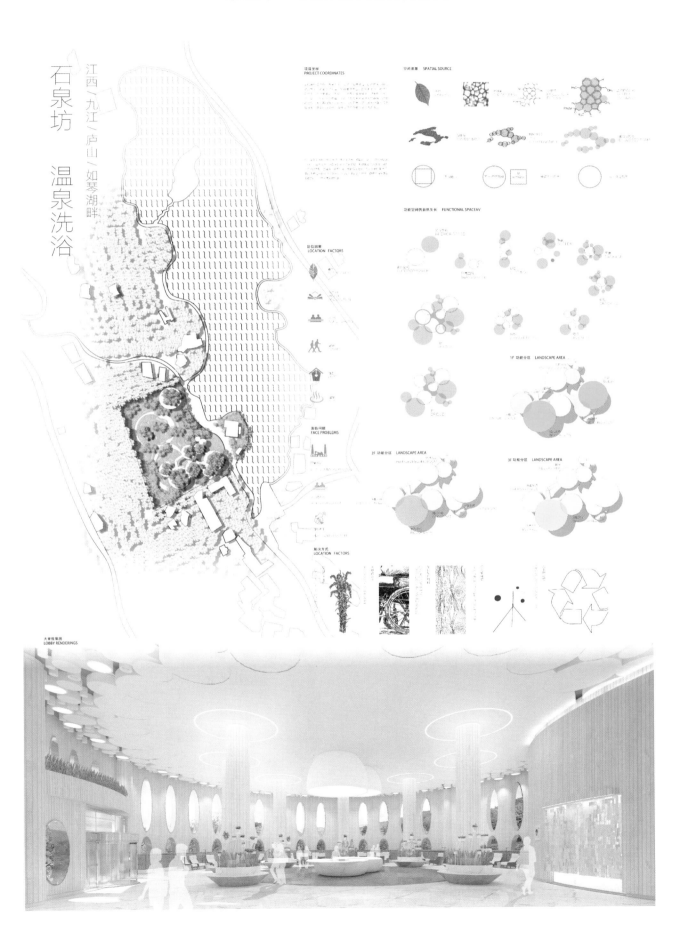

空间视角 / 剖面形态图　SPATIAL PERSPECTIVE / PROFILE VIEW　　使用材料　MATERIAL USED　　区位要素运用　LOCATION FACTOR USE　　空间解释　SPATIAL INTERPRETATION

汗蒸区分析图
SWEAT ZONE ANALYSIS CHART

汗蒸区分析图
SWEAT ZONE ANALYSIS CHART

汗蒸楼梯效果图
STEAMING STAIRS RENDERING

汗蒸大厅效果图
STEAMING HALL RENDERINGS

参考文献
References

[1]　邢瑜.室内设计基础 [M].合肥：安徽美术出版社，2007.

[2]　吴卫光.室内软装设计 [M].上海：上海人民美术出版社，2017.

[3]　张能.室内设计基础 [M].北京：北京理工大学出版社，2009.

[4]　施鸣.室内设计基础 [M].重庆：重庆大学出版社，2011.

[5]　彭一刚.建筑空间组合论 [M].北京：中国建筑工业出版社，2008.

[6]　阿格尼斯·赞伯尼.材料与设计 [M].王小茉，译.北京：中国轻工业出版社，2016.

[7]　鲁道夫·阿恩海姆.艺术与视知觉 [M].滕守尧，朱疆源，译.北京：中国社会科学
　　　出版社，1984.

[8]　吕杰锋.人机工程学 [M].北京：清华大学出版社，2009.

[9]　张绮曼，郑曙旸.室内设计资料集 [M].北京：中国建筑工业出版社，1991.

[10]　尹定邦.设计学概论 [M].长沙：湖南科学技术出版社，2000.

[11]　张书鸿，张静辉.室内设计基础 [M].沈阳：辽宁科学技术出版社，1999.

[12]　李远.展示设计与材料 [M].北京：中国轻工业出版社，2007.

[13]　许丽.室内设计基础 [M].北京：中国水利水电出版社，2013.

[14]　高祥生.高级室内装饰设计师 [M].北京：机械工业出版社，2006.

[15]　盛士文.建筑材料的选择 [M].延边：延边大学出版社，2003.

[16]　田自秉.工艺美术概论 [M].北京：知识出版社，1991.

[17]　王受之.世界现代设计史 [M].广州：新世纪出版社，1995.

[18]　张福昌.造型基础 [M].北京：北京理工大学出版社，1994.

[19]　李振华，刘洪洋.美术设计师完全手册 [M].北京：清华大学出版社，2006 .

[20]　西里尔·贝雷特.光效应艺术 [M].朱国勤，译.上海：上海人民美术出版社，1991.

[21]　瓦尔特·麦勒.设计家手册 [M].迟罕，肖微，译.北京：中国青年出版社，1988.